产品思维
创新设计的六条法则

Product Thinking:
6 innovative principles of design

张印帅／著

电子工业出版社
Publishing House of Electronics Industry
北京·BEIJING

内 容 简 介

本书主要讲述了作者在多年的产品设计工作中积累的6条创意公式，帮助读者获得更多设计灵感。本书共有7章，前6章为创意公式讲解，每个公式都通过大量的经典设计案例进行详细讲解，以期能激发读者的创意与兴趣。第7章为综合案例，详细讲解如何利用书中的公式完成一个设计的过程，使读者进一步了解这些创意公式在实际中的应用。

图书在版编目（CIP）数据

产品思维：创新设计的六条法则 / 张印帅著. --北京 ： 电子工业出版社，2019.9
ISBN 978-7-121-36587-4

Ⅰ．①产… Ⅱ．①张… Ⅲ．①产品设计 Ⅳ．①TB472

中国版本图书馆CIP数据核字 (2019) 第096711号

责任编辑：田　蕾
印　　刷：北京捷迅佳彩印刷有限公司
装　　订：北京捷迅佳彩印刷有限公司
出版发行：电子工业出版社
　　　　　北京市海淀区万寿路173信箱　邮编：100036
开　　本：720×1000 1/16　印张：16.75　字数：475.2千字
版　　次：2019年9月第1版
印　　次：2024年3月第6次印刷
定　　价：79.00元

凡所购买电子工业出版社图书有缺损问题，请向购买书店调换。若书店售缺，请与本社发行部联系，联系及邮购电话：（010）88254888，88258888。

质量投诉请发邮件至zlts@phei.com.cn，盗版侵权举报请发邮件至dbqq@phei.com.cn。

本书咨询联系方式：（010）88254161~88254167转1897。

读 者 服 务

读者在阅读本书的过程中如果遇到问题，可以关注 "有艺"公众号，通过公众号与我们取得联系。此外，通过关注"有艺"公众号，您还可以获取更多的新书资讯、书单推荐、优惠活动等相关信息。

扫一扫注"有艺"

投稿、团购合作：请发邮件至 art@phei.com.cn。

推荐序一

　　这本书是一次非常有意义的研究与探索。书中以应用为导向，将创意的方法总结成 6 种不同的公式，并通过展示实际授课的教学成果，为大家对这套新方法的讨论创造了良好的基础。

　　从印帅参加"红星奖高校巡讲"到本书出版，这套方法论已经打磨了 4 个年头，这次出版，可以说是一个阶段性的总结，让我看到了印帅对设计的探索性思考。

　　他所倡导的要通过设计解决"对的"问题，与设计的发展方向相契合。今天，设计的价值不仅在于通过设计机构或公司服务于市场需求所签的合同额，而更应该将其视为一个智慧型的服务业，看它能够对其他产业产生怎样的推动力。本书中从"对的"问题出发的思考方式，以及对产品、功能、场景的解构，能够帮助设计师从生命周期，从产品整个生态的高度出发，训练一种有格局与社会责任意识的价值塑造思维方式，不只把设计作为一种技术或仅关注它对商业价值的推动，而是要关注世界与人类共同面临的问题。

　　设计之外，我们看到了，信息带来的影响是巨大的，尤其是人工智能，它将改变我们，甚至是颠覆性地改变我们的生产方式、生活方式。在生产方式发生巨大变化的时候，我们在设计学科人才培养的目标上，在教学的内容、教学方法、设计思维和价值观上，如果没有更新或形成一种新的理念，是很难适应未来发展需要的。在本书的教学案例中，可以看到印帅对所倡导设计方法的尝试，激发了学生突破现有知识体系，探索跨学科知识的欲望，以及从宏观角度思考设计问题的能力。我们看到了区块链技术在教育行业的应用，基于手机背后的人机交互模式的创新，提升特定场景下用户体验的骨传导音频播放产品的创新，以及基于墨水屏的整体解决方案带来的可持续设计。

　　希望印帅未来能够坚持探索，带来更多优秀的设计作品与教学课程。

鲁晓波

清华大学美术学院院长、博士生导师、

"长江学者"特聘教授、清华大学艺术与科学研究中心主任、

中国美术家协会副主席

推荐序二

　　计算机只有几十年的历史，与人类历史上的其他文明和科技演进相比，并不算长，却为我们的社会发展带来巨大的变化。在这些变化中，技术创新毋庸置疑是核心驱动力，在这些变化过程中，设计创新也发挥着越来越大的作用。

　　近年来，计算机已经从实验室、机房走进了办公室、家庭，甚至我们的口袋中、手腕上，所谓普适计算时代已经来临，人们随时可以获得便捷的信息服务。计算机的体积、数量、算力等也都在发生着极大的数量级变化，这些变化为设计和创新带来了更多的机会和挑战。

　　印帅是我带的去年刚毕业的硕士生，他的书稿呈现在我眼前时，还是很有感慨的，又让我想起这个课堂上活跃、发言声情并茂又富有逻辑的学生。在校期间，他很快就让我看到了他的优秀潜质，善于观察，尤其是对细微处的洞察力，积极创造，特别是对问题的总结归纳能力。难能可贵的是，普适计算（Pervasive/Ubiquitous Computing）是一个三十年前提出的超前概念，甚至今天，仍显得抽象和过于理想化，但这种发展趋势，显然渗透到了印帅的思考中。书中充满了对如何应对科技带来的变化进行的思考，让我看到了他在实验室完成课题时的成长和不断的追求。他总结的创新方法，具备了一定的对学科交叉式创新的探索。我想，这也得益于印帅接受特定的研究生培养项目：清华大学计算机系与美术学院及新闻传播学院联合培养的信息艺术设计交叉学科硕士培养项目。这个项目，对学生在技术理解、运用、创新，设计表达、可用、出新等多学科能力的培养上提供了丰富的资源和比较强化的训练，尝试着培养出一批善于思考和长于实践的创新人才。

　　正如书中所阐述的横向思维对创新的益处，学科交叉也是一种横向思维扩展的尝试。随着科学本身向着更深层次和更高水平的发展，科学研究的对象和思维方式也向着开放性、创造性和综合性等方面发展。未来，面向更多学科的实际问题和对于未知世界的探索，我们需要学科交叉的突破点。这本书对于读者和作者而言，都是一个好的开始，我希望印帅作为经历了交叉学科培养的学生，能够持之以恒，将这套方法体系不断完善，并带来更多好的设计，来践行学科交叉所带来的创新。

史元春

清华大学计算机系人机交互与媒体集成研究所所长、

信息科学与技术国家实验室普适计算研究部主任、

清华大学全球创新学院 GIX 院长、"长江学者"特聘教授

Preface

推荐序三

从 2001 年开始，我便在清华大学美术学院工业设计系担任客座教授一职，至今已有 18 年了。在这 18 年间，我接触过许多学生，其中不乏优秀的设计人才。张印帅是 15 级的研究生，他对设计有着极高的热情以及独到的见解，让我印象最为深刻的就是他仿佛有用不完的创意。

印帅把这些创意用在了企业项目和国内外的设计比赛中，获奖无数。但我总是劝他，参加比赛这种事情，在学生时期尚可，为了你未来的发展，你应该多把这些想法用在能够让你实践、长期受益的地方。直到他把这本书的初稿放到我办公桌上的一刻，我看到了他的成长，更欣慰地看到他采纳了我的建议，并且持之以恒地完成了这本书的创作。相信这本书背后，一定有着无数的故事，这些都会是他一生的能量及谈资。

通读了这本书后，让我印象最为深刻的是他用了大量的真实案例讲明了如何让设计创意产生价值，比如保时捷 911 的造型设计为何始终保持一致性和识别性，Jeep 的车头灯为何要完全相同，等等。这些知识可以告诉设计专业的学生和初入职场的设计师，如何让自己的设计方案得到更多人的认可，以及如何让自己的方案为企业、为客户、为用户以及为中国未来的汽车工业设计，创造无限可能的价值。

在我还是学生时，就认识到这件事的重要性，1986 年我在日本艺术大学工业设计系学习，那时我已经确定了做汽车设计的目标，到现在我依旧从事着汽车设计的工作，一路走到底。在我大学时，我的毕业设计 SUMMIT CONCEPT CAR，从设计到制作，每个零件都是自己动手，自己完成。因为我相信，设计不仅是画图、做模型，设计更重要的是付诸实践。通过实践，才会对汽车的部件、制造、装配有深刻的了解，这是在课堂中学不到的。但这对于学生自身、对中国汽车设计的进步都有益处，远比做一个小模型带给设计师的思考要多。为了让更多的学生能够在在校学习期间就理解到实战训练的重要性，理解到设计需要被企业和用户所认可的重要性，为了中国汽车设计的未来，我们一直坚持进行校企合作，共协共创。

印帅的书中，将设计如何在实际应用中体现价值这件事放在了一个相当客观、理性的位置。这十分适合于设计专业的学生和初入职场的设计师进行阅读。在真正的企业运营中，设计仅仅是保证产品成功，促进公司业务良好发展的要素之一，因此，设计专业学生和初入职者既要认识到设计的局限性和目标的一致性，同时更要意识到，让设计体现它的附加价值的重要性。尤其是在今天的中国，设计教育与设计的应用及实践之间更容不得半点脱节与马虎。

　　十年前，我们还在努力摘掉"山寨"的帽子，那时，汽车在很多中国人的印象里是西方文化的象征。无论欧洲车、美国车，还是日本车都有自己非常独特的设计语言及造型的识别性，因为这些地方的汽车产业都相当成熟，设计风格也非常明显，让人在外观上就很容易分辨，一眼难忘。近年来，韩国车也找到了很好的设计风格，能够很鲜明地体现他们自己产品的特点。而那时中国的汽车却还一直在探索。

　　但值得欣慰的是，随着中国设计师们的不懈努力，我看到了越来越多的中国本土企业，通过设计的力量得到了极大的回报，也看到了越来越多的消费者，认可中国的本土设计。十年前，我们只听说过果粉儿，但是今天，出现了米粉儿。那么究竟是什么力量，促使设计，能够在企业和消费者心中扮演者越发重要的地位，读者们可以在本书中进一步印证。

　　设计的终极目标，是在人内心产生文化共鸣和传承，是每个年轻的汽车设计师都应该考虑的问题。希望新生代的中国设计师中能够有更多的人像印帅一样，勇于挑战，勤于思考，善于总结，在交流与合作中，创造出更多能够代表中国、代表中国文化，有意义有深度的作品。

陈聪仁

戴姆勒大中华区梅赛德斯奔驰设计总监

Foreword

前 言

用"好的"方法解决"对的"问题

1989年夏天，南非的一位农业部官员 Trevor Field 在农业博览会上发现了一款设计绝妙的产品。这是一款名为 Play Pump 的游戏水泵，致力于解决非洲人民日常使用水泵时存在的问题。非洲地区的饮用水主要来自人工抽水，但是抽水需要花费的时间很长，过程又十分枯燥，因此饮用水的抽取占用了当地人的大量劳动时间，几乎每个儿童都需要长途跋涉到周围的河流或水井中取水，甚至很多女童因此没有时间上学。Play Pump 针对非洲人民的取水痛点提出了一个创新性的设计方案，它希望通过结合旋转木马，把抽水这件事变得更加有趣。它将水泵与旋转木马结合在一起，让孩子们可以在释放天性、肆意玩耍的同时，完成抽水任务，这也是游戏水泵 Play Pump 名字的由来。它既解决了取饮用水困难的问题，又为非

洲儿童提供了游乐设施，显然这是一个一举两得的好主意。这么想的不仅是你我，还有众多国际组织或投资机构，他们都对这个方案给予了高度关注和一定的经济支持。

紧接着，项目的发展顺风顺水，Play Pump 于 1994 年在南非初次安装，并在 2000 年获得世界银行发展市场奖，2006 年 Play Pump 吸引了越来越多的国际关注，媒体称其根植于实际又充满情怀，是改变非洲社会的设计。截至 2010 年，Play Pump 募集了超过七千万美元的资金，按照 Trevor Field 的设想，这些资金能够建成四千座旋转水泵，满足非洲 1 亿人的饮水需求，一时间 Play Pump 名声大噪。而在其后的运营中，设计者更是延续了他们一如既往的创意，提出了通过在高处的水箱四面安装广告牌的方式，来为水泵创造更多的商业利益，以支付 Play Pump 的维修费。

与大家的期待相悖的是，在实际安装后 Play Pump 出现了大量的废弃和损坏。这一现象引起了国际的广泛重视，这样的好设计，究竟哪里出了问题？

Foreword

2009 年，英国卫报通过计算给出了答案。在实际应用中，若想达到设计者满足非洲人民饮水需求的目的，每台水泵需要 8 个孩子每天转上 27 个小时。

正如记者艾米科·斯特洛所说，Play Pump 对工作和娱乐的界限并没有那么清晰。也就是说自发、随性的娱乐需求，往往无法与稳定的用水需求相匹配。设计师的初衷是在 Play Pump 上抽水的都是开心玩耍的儿童，最终用 Play Pump 抽水的却是辛苦工作的童工。

而这仅仅是 Play Pump 设计方案无法实施的原因之一，其他原因还包括 Play Pump 只有在近距离地表有大量高质量饮用水，并且现有基础设施不足的前提下才是有效的。此外，它还面临价格过高、维护安装复杂等诸多方面的难关。2010 年，这个项目正式宣告失败。

大多数设计师，在解决问题的同时，却带来了更多新的问题。像 Play Pump 这样看似合理但实施结果失败的案例不在少数，如果我们把 Play Pump 的设计方案分为问题和解决方案两个部分，将这两个部分独立来看，它的解决方案和问题都十分正确，错误出在了二者进行匹配的环节，也就是说，设计者没有将"好的"解决方案匹配给"对的"问题。

刚刚步入设计领域的学生，大多数都会问或被问"什么是设计？"几乎每位学习设计的同学都会有一个烂熟于心的答案：设计就是解决问题。但是，在实际从业过程中就会发现，在学校从书中学到的设计知识，远远无法支持我们完成解决问题这一目标。尤其是当面对机械工程师、程序员、材料学工程师等利用自身的专业特点去解决问题，而自己往往只能拿出一张渲染图或一个 PPT 时，很多人就会越发迷茫，认为自己是无法真正解决问题的。

这并不奇怪，通过设计并不能解决生活中的所有问题。我们不如把答案换成：设计就是用好的设计方案解决对的问题。那么找到"对的"问题才是一切正确设计的开始。正如 IDEO 创始人、设计思维提出者 Tim Brown 所说，"设计思维的使命是改善生活，是帮助设计师从发现问题到洞察原因再到转化为产品或服务的一种思考方式。"什么是"对的"问题呢？在我看来，对的问题首先是能够通过设计手段解决的问题，其次是通过设计手段能够有提升的问题。只有选对了问题，才能避免再次出现像 Play Pump 一样的设计，用设计的手段去解决设计不擅长解决的问题的情况。只有保证从发现问题（需求）到提出解决方案（产品或服务）的每个环节都是严谨的，才是真正好的设计。

在长时间的实践过程中，我总结出 6 个可以利用设计思维找到"对的"问题与"好的"解决方案的方法，希望这 6 个方法可以为你提供以下帮助：

1. 可以有效地辅助你寻找灵感。

灵感来源于生活，但是很少有人能够叙述清楚灵感究竟是如何从生活落实到纸面再物化为产品的。通过书中的方法，可以让你将灵感的来源扩大，把你原本忽视的东西，变成可以落实为产品创意的灵感。

2. 能够辅助设计师对自己的思维流程进行阐述。

设计与艺术的本质区别在于设计师的主观性，设计方案需要设计师充分表达其背后的客观性，而设计创作其本身的流程就决定了这一客观性表述的困难。本书所述的方法，可以辅助设计师将自己的思维流程进行视觉化表达，从而阐述设计方案背后的原理。

3. 提供对照，帮助设计师确认方案价值。

本书所述的方法，都是一种基于现有方案的提升设计或再设计的实践理论，因此可以有效地与已有方案形成对照，从而让设计者可以快速了解到方案本身是否符合解决问题或对生活进行改善的目标。

设计的力量来源于设计师思维的力量，清华大学柳冠中教授曾说，"设计是谋事，而非造物。"设计是一种资源调配，一种服务。商业设计要保证能够帮助企业获得利润；交互设计要保证系统能够为用户提供良好的使用体验和使用效率；造型设计要保证产品能够为观者或使用者提供足够的美学享受等。这背后，无不充满着思维的力量，希望通过本书所提供的方法，每个设计师都能够在自己的领域或目标中有所收获，并感受到设计思维对创造力的提升和对设计方案价值的提高。

最终，通过大量实践，将思维从纸面内化到一种自然的思考方式，从而跨越思维和工具，达到直觉设计的境界。

Contents

目 录

Chapter 5

← | 扩展产品功能 | →

Chapter 6

感官体验←语意→主观感受

Chapter 7

创意实践

设计不仅是让产品看起来怎么样，更应是使用起来怎么样。(That's not what we think design is. It's not just what it looks like and feels like. Design is how it works.)

——史蒂夫·乔布斯(Steve Jobs)

问题 + 方法

　　"如果我问消费者想要什么，他们应该会说要一匹更快的马。"

　　这是亨利·福特的一句广为流传的名言。"更快的马"是一个被当时公认的问题，面对这个问题，大多数人都会从各自的学科背景出发，利用自己所学的工程、力学甚至生物学的专业知识，为客户提供这匹"更快的马"作为解决方法来提升产品价值，得到客户的认可。

　　然而，相对于以解决问题为导向的工程思维，设计师需要更加谨慎地去理解和定义问题。"更快的马"背后所隐含的其实是用户对缓慢行进、时常颠簸的马车的不满和对速度的追求。重新定义的问题所引发的新的视角，给了亨利·福特灵感，他寻求了一个与众不同的解决方法，一件能给消费者带来更快速度的产品——汽车。

▲ 1908年的马车与1908年的福特T型车

　　这个案例其实就是在阐述一件优秀的产品一定是"对的"问题遇到了"好的"方法所碰撞出来的火花。很多产品都在定义问题这一环节就出现了差错。

　　显然，与寻找解决方法相比，发现一个对的问题是更加难以琢磨的，并且解决方法的好坏似乎也取决于对问题的定义是否准确。那么我们的第一个设计公式——"问题 + 方法"，首先要强调的正是对需求的洞察与对问题的准确定义。在找到对的问题的基础上，通过总结积累解决问题的诸多方案，与问题进行巧妙的结合，最终实现一个产品方案的构思和设计。

　　在 20 世纪 60 年代，苏联的宇航员在太空中可以没有阻碍地写字，但是美国的技术却做不到这一点。美国国家航空航天局的技术人员为了能够实现跟苏联一样在太空中使用圆珠笔，煞费苦心。在尝试过上千种方案，花费了上亿美元之后，终于研究出了一款能够在失重真空状态下正常出水的太空圆珠笔。在研制出这款太空圆珠笔后，美国国家航空航天局才发现苏联宇航员在太空中是用铅笔写字的。

　　遗憾的是，这个富有戏剧性的故事只是一个传言，与真实历史大相径庭，但其影响过大以致美国国家航空航天局到今天依旧在自己的官网上声明了这段历史背后的真实故事。即使如此，这个传言却依旧不失为一个极其优秀的"对的"问题的例证。

　　当设计师把问题定义为 能够在太空中使用圆珠笔时，会因为过于局限而带来更多的麻烦。这是典型的工程思维，即用最优的方法解决问题。然而设计思维往往是趋利避害的，当这个问题过于困难，超出设计师的能力范围时，设计思维的解决方式往往是换个问题。在这个假故事中苏联宇航员将问题定义为如何在太空中书写，而不是如何在太空中使用圆珠笔书写。转换了角度，相对宇航专用圆珠笔，显然铅笔既减少了研发时间的投入，又减少了经费的使用，自然而然地，铅笔书写就成了最优的方案。因此，有时候换个问题可能胜过换一百个解决方法。

　　关于太空圆珠笔真实的故事远比坊间传言要复杂。一开始美国国家航空航天局和苏联太空计划都用木铅笔进行书写。但是，木材、石墨和橡胶（在橡皮擦中）都是可燃的，会产生粉尘，特别是石墨，不仅会燃烧还会产生导电的灰尘。因此美国国家航空航天局在 20 世纪 60 年代开始研发一款能够解决这一系列问题的自动铅笔，它的宽度可以与宇航员手套的宽度一样宽，但必须保持轻便，并且不能带有易燃或产生灰尘的木制部件。

但显然，无论如何设计，铅笔仍会产生导电的石墨粉尘。

　　而苏联太空计划则使用由纸张包裹的油脂蜡铅笔作为木铅笔的早期替代品。需要时将包裹蜡芯的纸撕去即可使用，但缺点是包装纸会产生垃圾，用它写上的字迹也不能长久保留。

　　可以看出，其实在选择对的问题这件事上，苏联确实在一定程度上与坊间传言颇为一致地从一个相对巧妙的问题出发，选择了一个轻量

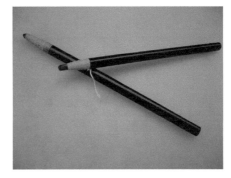

▲ 包裹有纸张的油脂蜡铅笔

级的解决方法。

可是科研是严肃的，无论如何这些方法始终还是有瑕疵的，因此保罗·C·费舍尔于 1965 年向美国国家航空航天局提供了他的 AG7 太空圆珠笔。这支圆珠笔通过加压原理，可以实现在真空、水下，甚至在低至 -45°C 和高至 204°C 的极端温度下使用。在经过了两年的严格测试后，1967 年美国国家航天航空局管理人员同意为阿波罗号宇航员配备这些笔。保罗·C·费舍尔的研发花费了上百万美元，而美国国家航天航空局采购时仅以每支 6 美元的价格购买了大约 400 支圆珠笔。1969 年 2 月，苏联也购买了 100 支 AG7 圆珠笔和 1000 个笔芯用于太空书写。

与此相比，利用铅笔进行书写的方法显得有些过于投机取巧，未免有些避重就轻的嫌疑。因此，设计时也不应过于关注定义"对的"问题，而忽视了"方法"的重要性。设计师应该在问题与方法之间寻求一种平衡，只发现"对的"问题是不足以做出优秀产品的，一定要结合"好的"方法。用铅笔作为书写工具这一方法，虽然解决了一个问题，但是它却带来了更多的问题，那么这样的方法就是非常典型的不好的方法。会不会在解决问题的过程中带来新的问题，也成了好方法与不好的方法之间的明显界定。好的方法往往都需要经过大量的实践和非常系统的分析后才可以得出。

因此，对的问题依靠的是设计师优秀的洞察力和对事物理解的独特角度，也就是创造性思维，而好的方法更多的是基于设计师缜密、严谨的分析方法，并结合大量的实践后得出的，是逻辑性思维。创造性思维与逻辑性思维的组合就是设计思维。

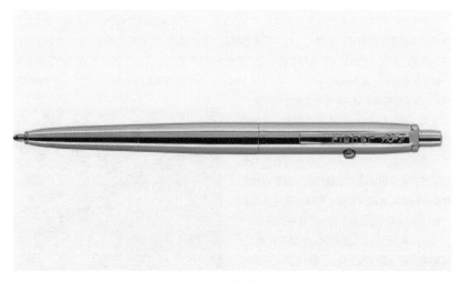

▲ AG7圆珠笔

洞察顶层需求

个体成长的内在动力是动机 (Motivation)。而动机是由多种不同层次与性
质的需求 (Need) 所组成的，而各种需求间有高低层次与顺序之分，每个层
次的需求与满足的程度，将决定个体的人格发展境界。

人本主义心理学的重要奠基人、心理学家亚伯拉罕·马斯洛在《动机与人格》（Motivation
and Personality）一书中这样定义需求。显然，动机就是一个人购买或使用一件产品时的心理活动，
而需求是能够促进这一心理活动的原动力。因此，在设计中我们要做的正是通过满足用户的需求，
去促成其产生购买或使用的动机，从而让用户喜欢你的产品。洞察需求，就成了设计最初的起点。

那么如何准确地洞察需求呢？

洞察需求是为了帮助我们更好地找到对的问题，需要对我们所发现的需求进行不同程度的定
义。我们会发现，一个需求会有由底层至顶层的多种定义方式，而越是接近底层的需求，就越具
有具体的产品形态，那么设计思维所能赋予的创新就越少，越是顶层的需求，则越是模糊的，我
们可以进行创新的空间就越大，产品定义的可能性就越丰富。

表面上看起来，仅仅为了满足需求似乎就已经可以指导出一些产品方案的设计，然而这样的
思路正是我们在设计过程中需要避免的。满足需求非常简单，困难的是我们应该有针对性地将需
求定义为问题，才能最终通过解决问题来得到设计方案。

消费者很难为简单地满足需求买单，只有真正解决问题的产品才能赢得市场。我们也会发现，
消费者的需求是不变的，变化的是消费者在满足需求的过程中所需要解决的问题，而产品设计就
是针对这个问题，提供解决方案。

例如，喝水是一个生活中再平常不过的需求，也是人类在任何历史时期都存在的需求。然而
满足喝水这一需求的产品却五花八门，并且同时存在。

在日常生活中，保温瓶、玻璃杯、纸杯、矿泉水瓶都是可以满足我们喝水需求的。然而它们
又都同时存在，就是因为它们在满足喝水这个需求上，分别解决了不同的问题。玻璃杯一般用于
家庭，解决的是一般情况下的家用饮水问题；保温杯则解决的是需要将温水外带的问题；纸杯则
解决的是多人同时享用同一水源时的卫生和便利问题；矿泉水瓶则直接解决的是既没有杯子，又

▲ 玻璃杯　　　▲ 保温瓶

▲ 纸杯　　　▲ 矿泉水瓶

没有水的情况下的喝水问题。

　　如果问题定义有误，则会导致方案无法满足需求。如果将喝水这一需求所对应的问题定义为需要盛水的工具，那么方案可能是给用户设计一款精美的玻璃杯，但是如果用户面临的实际问题是既没有水杯也没有水，显然这个玻璃杯无论设计得多么精美，多么符合人机功效学，那它也无法解决用户没有水的问题，自然也导致了该产品无法满足解渴的需求。那么，这个方案最终就变成了以满足解渴需求进行设计，但是，最终得到的方案却无法满足解渴需求的这样的一个悖论。

　　正如马斯洛需求理论对人的需求进行的定义，我们会发现同一个需求往往可以通过不同的理解，对应在这个需求金字塔中的不同层级。

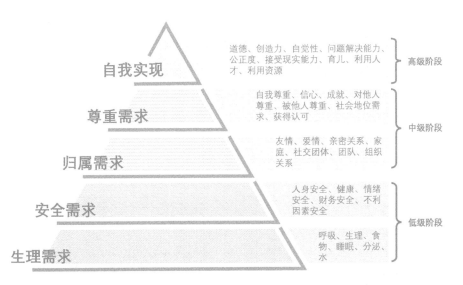

▲ 马斯洛需求理论

▲ 白炽灯泡

例如，如果我们把用户对光的需求定义在生理需求，那它就是一个简单的照明需求，这个需求就已经具备了相对具体的解决方向和产品形态，能进行的创新点无非就是让灯更亮或让灯的造型更好看。如果连造型都不做考虑的话，那么一款简单的灯泡，即可满足全人类的照明需求。但是，在生活中用来照明的产品显然远不止这一款。

假设一下，如果把用户对光需求定义在安全需求上，用户需要的就是光明而非简单的照明，产品形态则更加宽泛和模糊，设计师也能够拥有更多的创新空间。

　　如 My Light 床下感应灯所展示的两个场景，一个是当夜间走近婴儿床时，感应灯会亮起，从而在不影响婴儿睡眠的情况下为父母提供可以看清环境及婴儿状况的亮度；另一个则是每个人都会遇到的，当起夜的时候，一定会需要光源来帮助自己看清环境，从而避免碰撞或滑倒。于是 My Light 提出了这样的一个感应式的床下灯，保证用户在夜间可以安全自由地行走。这个设计所关注的需求，显然就是高于简单的照明需求，而是一种对于光明所带来的安全感的追求。

▲ My Light床下感应灯

▲ Lumio书灯

　　书形灯更是满足了高于对"光明"需求的这一层次，它同时赋予了灯有文化的内涵，并且通过翻开书页的方式让它具备了很强的交互属性，其所满足的需求层次已经远高于一般的照明需求。

　　总结对比以上的三个方案可以看出，从创造性的角度而言，尽可能地洞察顶层需求，将会为后面的方案设计带来更多有趣的可能性。

以人为本的设计

设计并不只是它看起来与感觉起来是什么，更应是使用起来怎么样。

（That's not what we think design is. It's not just what it looks like and feels like.）

——史蒂夫·乔布斯 (Design is how it works)

对于今天的人们来说，产品的外观形式由众多因素决定，如审美、人机功效，用户体验等。然而在工业革命初期，产品外观的主要呈现形式，往往只由一个因素决定，就是产品的功能。当时的设计师为了能够更好地优化产品功能，平衡功能与外观形式二者之间的关系，从而博得更多用户对产品的青睐，总结出了一套依照产品所需要提供的功能，去设计与功能对应的外形的设计流程，也就是我们今天所说的形式追随功能。这个流程催生了设计中的功能主义流派。

工业革命时期的产品功能比较单一，并且大多数情况下，产品的功能都可以通过外观形式直接识别。例如，刀子的功能是切割，那么它的外观形式就具有锋利的刃和用来握持的手柄。自然而然地，在形式与功能间建立紧密联系，功能主义的设计理念引导着生产者与设计师，形式追随功能的思想在当时极大地方便了生产，提高了用户的效率，并且在行业内衍生出以产品为中心的观念。这种观念可以用更加直白的俗语进行解释，就是"酒香不怕巷子深"，即设计师在设计过程中只需要考虑产品自身的功能，以及如何通过直观的形式进行表达，但过度的专注反而使得设计师忽略了产品之外的其他因素。

从下页图中我们可以看出，同时期的收音机产品 Braun SK2 与 TESLA 308U Talisman，其中之一是功能主义的代表作品（Braun SK2），它方正简洁的外观易于生产、成本低廉、维修容易、不易损坏，但却远称不上美。所以人们更喜欢图中的 TESLA 308U Talisman，它具有优美的曲线、天然材质的触感，以及肌理和有丰富花纹的仪表界面。

　　因此，人们对美的追求，就是我们所提到的，被以产品为中心的设计师所忽略的因素。这部分因素，就是人。如果机器有思想的话，那么它们一定会十分喜爱功能主义的产品，因为它的诸多优点，都是从生产角度考虑的。可惜的是，真正使用和购买产品的是人，无论形式追随功能的产品从其生产制造到使用效率上是多么合理，但是它始终是为人服务的，人永远是追求美和易用的。这就引出了后面所要展开的以人为中心的设计理念。

▲ 1953年TESLA 308U Talisman收音机

▲ 1955年的Braun SK2收音机

　　20 世纪中期，电气革命使大量的产品在原有功能的基础上增加了自动化系统的应用，人们日常使用的东西不再是仅有单一可见功能的产品，而是更加复杂的系统级的产品。用户所使用的功能也不再是由其外观形式直接表达的。设计师的工作中增加了一个新的需要——被设计的要素，即交互。

　　如下图所示，是 20 世纪初期，功能主义时代的电梯轿舱，图片中的黑色金属杆就是电梯的控制器，试想一下，如果你在公司等电梯，准备去 8 层开会，而舱门打开，你进入电梯后，看到的是这样的一番景象，你会如何操纵这部电梯去往 8 层呢？

　　我相信大多数人的答案，是无从下手，因为这台电梯的控制器，仅是一个机械结构的操纵杆，它本质上是一个机械结构的控制器，通过拉动或推动金属杆，可以控制电梯的上下，而停靠楼层的位置需要通过操作者的精确控制来确定。它忠诚地反映了它本身的功能，却忘了它存在的意义是为了让人使用。想想看，一旦你拉动这个金属杆的时间稍微迟了一些，很有可能你就会与 8 层擦肩而过，把自己停靠在 9 层。

　　因此，这台电梯的操作者需要掌握电梯的操作技术并且熟练控制机械运转，普通用户无法使用这台电梯。

▲ 20世纪20年代的电梯

　　幸运的是，我们今天所使用的电梯，为我们呈现的是非常以人为中心的界面，就像下图中一样，你想要到达写字楼的 8 层，不再需要掐准时间，卖力地推拉操纵杆，而只需要轻轻地按一下印有数字 8 的按键，连小朋友都可以轻松操作。

　　这背后就得益于以人为中心的产品设计理念，对于电梯这个产品而言，其功能是通过复杂的连杆机构和液压等动力机构，实现电梯轿舱的上升和下降，以及对应楼层的目标停靠，但是最终呈现给用户的形式，则可以说与功能毫无关联。一个可以按下去的按键，很难让人联想到它与电梯背后复杂的机械电子元件之间的关系，为了弥补这一认知差，设计师通过符号学的理论为按键增加了图标用来解释其背后的功能。就像下图中电梯面板上的，警报按键是一个黄色的铃铛，开门、关门则分别是相向或相背的两对箭头。

　　使用电梯的人不再需要通过操纵杆去控制液压器，而是通过轻轻地按动一个按键，电梯就会按照用户的想法运行，开门、关门、上升、下降等。按键背后的机械、电气部件到底如何运作实现了这些功能，则完全由系统去处理，无须用户了解。

　　那么，面对像电梯这种具有复杂系统的产品，需要设计解决的问题就是提供一个易于理解的交互界面，使普通人也能控制复杂系统实现对应功能。交互界面方便了用户对电梯的操作，也使产品的功能与形式分离。

▲ Mit-old-elevator-panel

产品中系统的增加使得功能和形式之间不再具备紧密关系，并且由于系统本身也不具备形式，导致大量产品的实际功能变得不再直观，而不直观的产品自然会给用户产生困扰。因此，为了解决这一问题，设计师需要对现有的产品增加一个呈现给用户的界面，为系统赋予一个可以被用户理解的形式，从而保证用户可以正常使用系统实现产品功能。

今天的产品已经无法再仅通过简单直观的形式和功能表达来完成设计了，如苹果发布的主机 Mac Pro，只从外观形式上看，用户完全无法得知它的功能。这件产品的外观形式就是一个带有 USB 等数据接口和散热孔的圆柱体，而这个圆柱体的功能是盛放和保护里面的电子元件，但 Mac Pro 的主要功能，即运行 Mac 的计算机操作系统，以及由苹果公司设计的专门用于计算机的图形界面，无法通过外观形式传达给用户。之所以会有这样的变化，其背后的原因就是如今大多数产品在形式和功能之外还多了至少两个要素——系统与界面。

▲ Mac Pro

　　既然它的主要功能无法通过外观形态来显示，那么就需要通过交互界面来呈现其作为操作系统的功能。下图是 Mac 的操作系统 Mojave 的截图。我们可以把它理解为更加极致的一种图标的组合，它通过图形化的语言告诉用户，每个按键对应着什么功能。由于它几乎完全没有物理按键，因此，我们一般称这种系统界面的设计为 GUI，即图形用户界面。

　　相对于原有的以形式诠释功能的设计方法，系统的形式与功能之间没有必然的联系，因此系统的界面的设计方法成了困扰设计师的新的问题。

　　面对这一问题，设计师们再次展开了数十年的探索，终于，一个面向这些具备系统的产品的主流设计思想被提出，也一直延续至今，就是以人为本的设计思想，简称人本思想。

▲ Mac操作系统Mojave

从理论发展的角度来讲，人本思想最初主要用于交互设计，1999 年 ISO 13407（交互系统以人为中心的设计过程的国际标准）描述了在交互式计算机产品生命周期中进行以用户为中心的设计开发的总原则及关键活动。设计开始由以产品为中心倾向于以人为中心。到今天，设计行业在人本设计（HCD）思想的指导下已经发展了 20 余年。

这里有一张在社交媒体上十分知名的图片，内容是一位"博主"为其祖母改造的电视遥控器。在下图中我们可以看到，为了防止祖母误操作，这位"博主"将遥控器中容易对老年人造成困扰的那些不常用的按键进行了遮挡，仅将老人常用的按键留了出来。

遥控器原本的设计就是典型的以产品为中心的设计思维，即把产品所具有的全部功能都体现在外观形式上。但是用户在真正使用的时候，那些不常用的功能，那些永远占用了遥控器大量面积的按键会对用户造成困扰，并且有时候影响常用功能按键的使用。而遮挡后的遥控器其实就是一种以人为本的设计思想的体现。

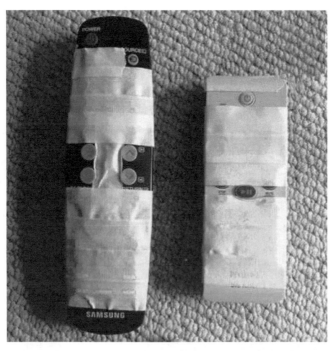

▲ 祖母的遥控器

　　在现有的产品中同样存在这样的问题，左下图是一款 63 键的电视遥控，它将全部功能都均匀地陈列在遥控器上，并没有考虑用户的真正需求。右下图是小米遥控器，则与上文中那个为祖母改造的遥控器更为接近，小米遥控器通过以人为本的设计，从用户需求出发，设计出更为易用、简洁的交互界面，从而提升了其产品和系统的使用体验。

　　以人为本的设计思想为产品所带来的提升非常显著，一个众所周知的遵循这一原则进行设计的公司就是苹果公司，苹果公司的产品始终坚持以人为本，注重体验的设计原则，才会使它具有如此易用的特点。而史蒂夫·乔布斯也曾在一次访谈中留下了他对以人为本的设计的理解。

　　"设计不仅是让产品看起来怎么样，更应是使用起来怎么样。"（That's not what we think design is. It's not just what it looks like and feels like. Design is how it works.）

　　这句话暗含着的正是设计的重点，从功能主义的以产品为中心的设计，到注重体验、以人为本的以用户为中心的设计的革命性变化。

▲ 63键电视遥控器　　　　　　　　　　　▲ 小米电视遥控器

从产品中学习方法

我们已经掌握了如何洞察需求，并通过需求确定一个对的问题，下一步就
可以展开设计，也就是为对的问题寻求好的方法。

　　首先，我们需要清楚的一点是，仅 2016 年全球专利申请总数就已达 313 万项，并且还在逐
年增加。数百万的专利中，每一项都描述的是如何通过方法解决问题。除了这些每年新产生的专
利，在已有的专利、设计、论文等领域，都有无数的优秀工程师、设计师、发明家致力于为对的
问题寻求好的方法。

　　因此，对于我们而言，设计过程中针对一些问题寻求解决方法的最直接的途径就是学习，学
习前人的经验。通过总结已有产品中的"问题 + 方法"的组合，为我们所需要解决的问题匹配合
理的方法，或为我们掌握的方法，寻求合适的问题。

　　在实际的学习过程中，我们可以把产品看作多个"问题 + 方法"组合的集合体。因为绝大多
数的产品之所以能够存在，绝对不是因为它仅能解决某一个问题，而一组"问题 + 方法"的组合，
于使用者而言，就是这件产品所具备的功能。因此，我们在生活中看到的产品往往都是下图中所
示的多个功能的集合体，功能就是用来帮助使用者以某种方法，解决某个问题。

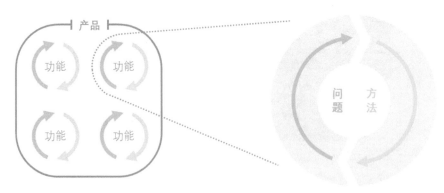

▲ 产品、功能、问题、方法的关系

▲ 按压式六边形磨砂圆珠笔

我们以生活中最常见的一个产品为例，即使是很普通的一支圆珠笔，我们都能从中分解出至少四组"问题+方法"的组合。

为解决笔在非使用时随身携带的便捷性问题而设计的笔夹，可以把圆珠笔夹在笔记本、背包、衣服口袋等位置随身携带。

在书写的时候，为了保证圆珠笔握持的舒适，防止在手部滑动而将笔身设计成磨砂的材质。

将笔身设计为六边形，这样圆珠笔就不会在桌面上滚动，防止它滚落到地面。

书写后收纳时，笔尖非常容易因为碰撞等原因受损而影响使用，因此设计了一个按压弹出的机构，让笔尖能够在非书写时收回至笔身中，从而得到笔身的保护。

这种方法的寻求，一方面需要设计师拥有很强的检索能力，也就是能够通过互联网、文献、日常沟通等多种渠道得到足够多的现有产品中的对问题的解决方法。另一方面很重要的就是思考与积累，我们身边充斥着无数的产品，按照唐纳德·诺曼在《设计心理学》一书中所提出的估算，人的一生至少要与两万多件产品打交道。每件产品中，都有许多"问题+方法"的组合，仅学习自己使用过的产品背后的方法，就能建立起一个巨大的知识库。因此，在生活中只要对身边的产品稍加注意，就可以积累出大量的方法库，用于在今后的设计中。

┤ 圆珠笔 ├

问题1：便携性　　　方法1：笔夹

问题2：舒适度　　　方法2：磨砂表面

问题3：防滚落　　　方法3：六边形笔身

问题4：笔尖保护　　方法4：按压弹出

▲ 圆珠笔的"问题+方法"分解

正向设计，基于问题找方法

定义问题是一项对设计师能力要求很高的活动，由于需要对用户进行深刻的了解与调查，往往既耗时又费力。即使如此，设计师最终定义的问题，也会因为调研场景与真实场景中的任何一处细微差异而不被用户接受。因此，与从零起步调研相比，我们不妨选用一个更为简单且准确的调研方式，就是通过对市场上已有的产品进行分析，掌握用户需求，从而定义一个真实存在的问题。

从现有产品中定义问题并非抄袭，而是因为已经发布的产品，可以通过电商平台、用户访谈等多种方式，得到一手的用户反馈信息。这些信息将十分有助于设计师得到对的问题。

这里给大家提供一个从定义问题，到得到创新产品的流程。我们需要参考前文中圆珠笔的案例，对另一件现有产品进行拆解，将其分解为多个"问题＋方法"的组合，由于已有产品总结出的问题一般都是验证可行的，因此我们可以快速地从诸多问题中，选取一个或多个，作为我们希望进行再设计的问题。在设计环节中，就可以基于已选的问题，寻找新的方法来进行组合，形成一个新功能，从而更新现有产品，或将功能组合为一件新的产品。

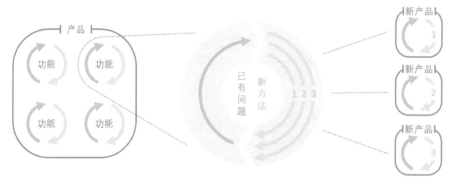

▲ 基于问题找方法的设计流程

　　再设计，是此方法的核心思想，随着技术的进步，设计师经常需要对一些已有解决方法的问题寻找更好的解决方法。而我们就是希望通过甄选和组合，确定一个"旧问题 + 新方法"的组合，从而产生新的产品设计方案。

　　这里通过具体实例来具体地表达设计流程，我们选择办公室用的图钉的多种设计方案来进行分析。以这件 2016 年 K-Design Award 的获奖作品螺旋形握柄的图钉 Rolling Pin 作为已有产品进行展开分析。从这件设计作品的效果图来看，它是一个方便使用的图钉，具体的设计点为可以将多个便签卡进螺旋式的金属环中，此外金属环也更利于拿握，可以使图钉的插拔更加轻松。

▲ Rolling Pin

　　按照我们所讲解的产品分析方法，这件用来辅助我们寻找问题的已有产品，可以被拆解为多个"问题＋方法"的组合。在一般设计流程中，设计师需要根据项目情况认真选择一个合适的问题，进行下一步设计。本例中，为了便于理解，选择了多个问题中具有最多替代方法的问题进行讲解，即选取图钉毁坏纸张这一问题与新方法进行组合。对于防止图钉扎破纸张的替代方法，我们选择了卡扣、别针、夹子三种，这三种方法都可以在不需要破坏纸张的前提下对其进行固定，并通过"问题＋方法"的组合，得到了流程图右侧的三个新产品。

　　新产品 Easy pin 选择了用卡扣的方法替换 Rollling Pin 中的螺旋金属环来解决图钉破坏纸张的问题，并且还在卡扣末尾处增加了一个翘起。这样在取下图钉的时候，只需通过简单按压，即可轻松取下。两个"问题＋方法"的组合，共同构建了一个新的产品创意。

　　Pinclip Push Pin 则选择用非常传统的别针的设计方案来解决图钉需要扎破纸张才能对其进行固定的问题。由于别针与图钉一直以来都是办公室中的必备单品，然而却又从未如此组合。因此在解决问题的基础上，该产品又给人以会心一笑的趣味。

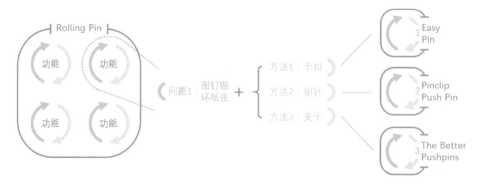

▲ 设计流程实例

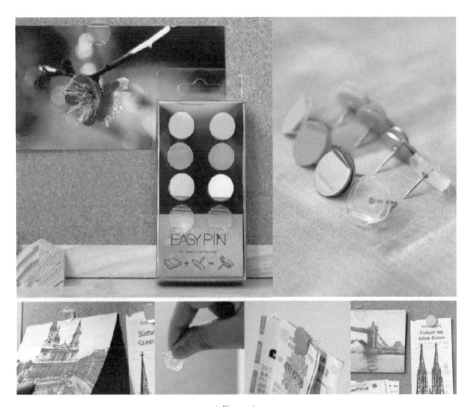

▲ Easy pin

▲ Pinclip Push Pin

The Better Pushpins 则是专门针对扎破纸张的问题进行了优化，显然我们创意来源的产品 Rolling pin 由于同时兼顾了较多的问题，因此它的螺旋结构，似乎在固定纸张这个问题上依旧有待提升。因此 The Better Pushpins 选用了一个最为传统但又十分可靠的方法，即夹子结合图钉，创造了一个优化了功能的新的产品形态。

从现有问题出发的方法的优势显而易见，我们可以快速地得到非常精确的用户需求，找到对的问题。但是如果时间充裕，资源丰富，我们依旧鼓励设计师应该多从需求开始启动，以需求驱动问题。

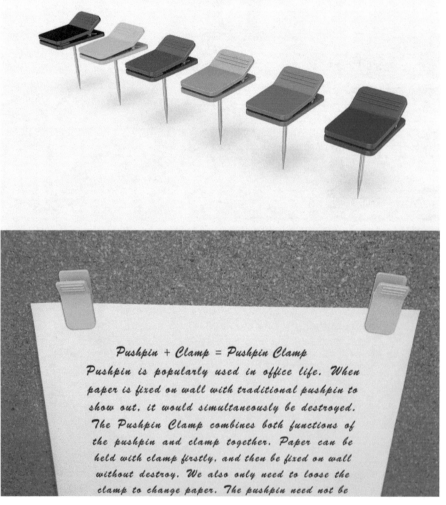

▲ The Better Pushpins

逆向设计，基于方法找问题

当我们熟悉了"问题 + 方法"的设计方法后，会发现其实有一个能够更快地得到好创意的路径，就是基于现有的方法去逆向寻找问题。在传统的制造行业，每一件产品的细微改动都需要生产、培训、人工等多方面的同时配合，成本巨大。因此，在制造业为主导的国家或地区，有大量的企业就是基于现有的产品或解决方案去寻找新的待解决的问题去进行设计，对于制造业而言这是最轻松的盈利方式。

有时候我们会戏称这种设计方法为拿着榔头，满世界找钉子。这个说法非常形象，榔头指的就是已有的方法，由于已有方法的成熟度高，成本往往已经非常低，因此不会在乎找到的新的待解决问题（即钉子）是否合理。上去就给一榔头，发现合理的话，就继续做，继续深入地砸，而如果这一榔头砸歪了，也没什么大的影响，换一颗钉子就是了。

不加考虑地寻找新问题，一定是不合理的，但基于方法寻找新问题的思路本质上能够减少错误的出现。

同样，从方法出发的设计也需要我们从寻找一个现有产品中正在应用的好方法入手进行分析。我们以 2010 年的一个红点奖获奖作品为例，Accordion Package 是一个可以折叠的泡面碗。泡面碗这一生活中非常普遍的产品早已被大家所习惯，但是却少有人注意泡面碗中除面饼外的空余空间，极大地增大了运输成本，造成浪费。于是，设计师对此提出了一个非常巧妙的解决方法，就是通过可折叠的碗体，让碗装泡面在运输过程中折叠起来，实现了对空间的节约。

▲ Accordion Package

如此精妙的设计，自然在得到评委青睐的同时，也会得到设计师的注意，于是基于这一"问题＋方法"组合的产品在随后的几年中，大量出现在红点奖的获奖作品里。这里展示的是经过不完全检索后，整理出的同样是基于"节省空间＋折叠"组合设计的获奖产品。

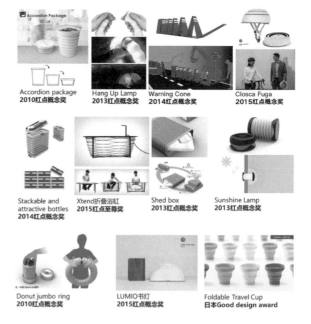

▲ 基于"节省空间＋折叠"组合进行设计的获奖产品

　　虽然利用了已有产品的设计思路，但是却有明显差别，那么很显然这种现象的背后有一种可以激发创造力的思维方式。这9件产品的"问题＋方法"组合几乎是相同的，都是通过折叠的方法，来解决空间不足的问题。但在看似同样的问题背后，却产生了如此多不同的设计方案，是因为设计师找到了在不同场景下所面临的相同问题。也就是说，我们把之前对于问题的理解再扩张一层，问题是由问题和场景组合而成的。世界上没有绝对相同的问题，因此与其去寻求各种新的问题，不如直接寻找不同场景下的同一问题。然后再基于这一新场景组合后带来的各种可能，得到新的产品创意。

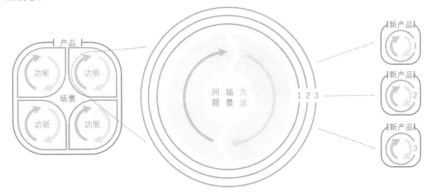

▲ 基于"方法+问题"寻找新场景的设计流程

　　我们依旧从一个实例来讲解寻求新场景的设计流程，延续前面所选定的"问题＋方法"组合，即通过折叠解决空间不足的问题。针对这个问题，我们可以通过头脑风暴寻找不同的需要节省空间的场景。例如，随身携带的物品需要尽可能节省空间；占用空间过大并且不常使用的物品，也需要解决它闲置时的空间占用问题；使用后的物品在回收或丢弃的时候也会由于占用空间过大而增大垃圾处理时的成本，产生没必要的二次浪费，因此废弃垃圾处理中同样存在节省空间的问题。

　　基于以上三个新的场景得到的"问题＋场景＋方法"组合，可以衍生出至少三个甚至更多的产品创意。

▲ 基于"方法+问题"寻找新场景的设计流程

Sunshine Lamp 就是一个在随身携带场景下产出的新产品创意，它是一个可折叠的太阳能灯。通过折叠的方式，让灯在随身携带的时候可以节约空间，而在使用时，展开后产生的空间可以保证产品的功能不受影响。

▲ Sunshine Lamp

符合第二个场景中提到的日常占用空间较大，且闲置时间较长的产品，其实在我们家中存在大量这样的实例。大多数家具家电等都存在这样的问题，如洗衣机占据将近一平方米的家庭面积，然而即使每天都使用，其使用时间占每天总时间的比例也很难超过 5%。Xtend 这件产品则把注意力放在了与洗衣机类似的家用产品上，即浴缸。浴缸除了在真正泡澡的时候会用于盛水，其余时间都占用了巨大的空间。因此通过"折叠 + 节省空间"组合，设计师利用了柔性防水材料盛放洗澡水，弹性材料作为结构件，设计出了一款可折叠的浴缸。

最后一个场景所提出的废弃垃圾处理场景下的节省空间，让人第一时间联想到的就是包装。尤其是在中国，外卖、电商、物流如此频繁使用下的今天，由于配送而产生的废弃包装本身就已是一个巨大的污染和浪费，而在垃圾处理中，它们所占用的空间更是会造成进一步的燃油等二次能源消耗。因此设计师提出了一个名为 Shed box 的循环使用的可折叠包装，通过折叠降低了空包装处理时的成本，同时以回收快递箱的服务流程，减少了污染与浪费。让折叠结构在新的场景下，解决了空间占用问题的同时，又带来了更高级的可持续理念的融入。

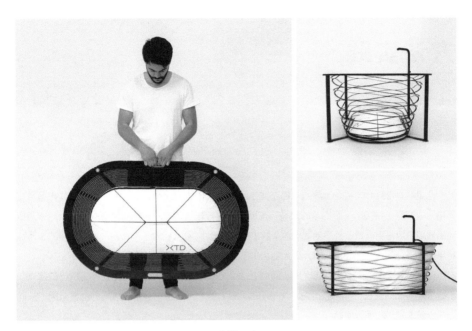

▲ Xtend

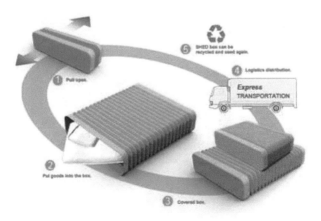

▲ Shed box

方法实践

这是我在 2014 年—2015 年的一件获奖作品——8°电池（8 degree battery）。这件作品通过将电池在造型上增加了一个简单的斜坡，帮助用户更轻松地将电池从电池盒中取出。相对普通电池需要用户用指甲非常不舒适地把电池从狭小的电池仓中抠出，8°电池能让用户通过优雅的按压，将电池头部翘起，从而轻松取出，极大地优化了电池的取用体验。

回顾 8°电池的设计流程，我们是从问题出发，首先发现了电池盒中的电池不易取出的痛点，于是决定对此问题进行优化。首先，为了明确问题，我们分析了电池不易取出的主要原因，从而进一步深入定义和理解问题。

▲ 8° 电池

　　让电池不易取出的原因有很多，它的卡扣结构，过于紧凑的空间，容易滚动的圆柱体形态等。但是通过多次实验和用户访问，我们最终定义，它的主要问题，还是来自用户在取出电池时所使用的手势不利于用力，或用力方向与电池需要被取出的方向相垂直。就好像，让你把一张桌子抬高，但是却只允许你横向去推，不允许你纵向用力一样。

　　为了寻找可供解决这一问题的方法，我们寻找了大量类似尺度、类似结构的产品设计。通过比较，相对于具有机械结构的推拉和按压弹起，类似开关的按压翘起可能是对电池本身改动最小、成本最低的方案。而相对于普通拉环，按压翘起更加适合电池仓这种细小空间，从力的作用方式上来说，按压也比提拉更符合人机功效。

▲ 推拉/按压翘起图

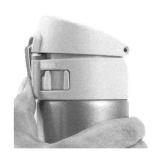

▲ 按压弹起/拉环图

　　因此，经过优化设计后的电池概念如下图所示，从字面上来说，它应该是一个可以通过按压，翘起并辅助取出的一个电池。

　　进一步，就是针对这个使用形式如何落实在电池上来进行设计。显然，为尽可能在设计新方案的过程中，不产生新问题，需要保持最小的改动。因此，本方案通过对电池侧壁的直面设计为斜面的方式，实现了按压翘起的使用形式，设计出这一方案。通过一系列的手板模型进行试验，最终确定 8°的角度是在保证电池能够稳定地在电池槽中固定的前提下，从受力和翘起高度上，最易用的角度，从而将产品名称定为 8°电池，而产品形态也设计为具有 8°斜坡的电池。

　　有趣的是，两年后一位我不认识的设计师用不同的方案解决了同样的问题，并获得了当年的 iF 学生奖。这个方案恰好是通过将易拉环的使用形态替换电池使用形态，从而实现对电池不易取出这一问题的极大优化，是一个很好的设计。

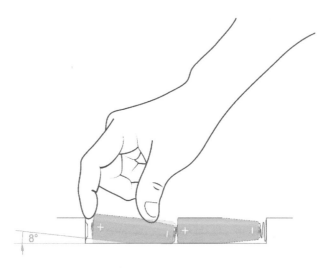

▲ 8° 电池的取用

　　因此，这一获奖作品进一步证明了，在设计中本章所提供的思维方式是十分重要的。相对于精巧的设计技法，好的设计思维更能够产生无穷的优秀的产品创意。

　　设计师都有发现生活中的不合理的犀利的双眼。但实际上，除非接触到的是处于设计阶段的产品，不然绝大多数已经量产的产品所存在的不合理，其背后都必然有着合理的因素。因此，在对现有产品进行批评的时候，设计师最好能时刻保持敬畏之心，对生活中的产品时刻保持好奇心与研究热情。选择性地吸收产品优点，并通过不断积累，拥有自己的产品创意库。尤其是在提出某些已有产品的优化方案的时候，切忌解决了一个问题，却带来了一堆新的问题。

▲ 易拉环设计电池

构建参与感，就是把做产品做服务做品牌做销售的过程开放，让用户参与进来，建立一个可触碰、可拥有，和用户共同成长的品牌！

——《参与感：小米口碑营销内部手册》

1+1>2

场景并用，组合功能

产品通过帮助用户解决某个场景下的问题来创造价值，产品所提供的解决方案就是日常所说的"产品功能"。我们使用的产品一般都具有一个以上的功能，如我们日常使用的打印机，往往都会兼具打印、复印、扫描等功能。相对于单一功能的产品而言，拥有组合功能的产品能够提升产品价值，满足更多的用户需求，从而促进销售。

在功能的组合中，我们会发现，有些产品功能的组合十分巧妙，仿佛两个功能天生应该在一起，但是有些产品的功能组合，却让人觉得累赘。

▲ 家用打印、扫描、复印一体机

Book-sensitive Reading Lamp 是由法国设计师设计的书架台灯，它的具体功能是当把书放在上面时，台灯关闭，当拿起书阅读时台灯会点亮。毫无疑问，这是一件由两个独立的功能组合而成的完整产品，即"台灯 + 书架"。它通过功能组合，让产品仿佛是在讲述一个故事一般，为用户的使用创造了极其顺畅的体验。

功能组合的方式，确实可以赋予产品更高的价值，但是正如我们一直强调的，设计是用好的方法解决对的问题。如果是不加思考地对功能进行随意组合，进行 1+1 的加法，并不一定能产生好的创意，甚至有可能降低产品本身的价值，我们应尽可能避免产生 1+1=2 甚至 1+1<2 的设计。

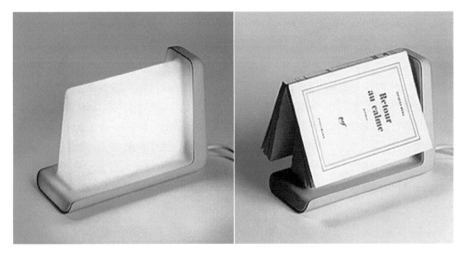

▲ Book-sensitive Reading Lamp

这把获得过吉尼斯世界纪录的瑞士军刀通过加法设计，让一把折叠的瑞士军刀，具有 87 个可折叠的工具，这 87 个工具可以实现 141 种功能。虽然这件产品的价值更多的是用于收藏，但我们同样可以从它的设计上看出盲目组合产品功能所带来的不良后果——使得产品的易用性并没有因为组合了新功能而得到提升，甚至反倒因为盲目组合，导致其不如独立功能的产品好用。显然用这样的一把瑞士军刀去拧螺丝，并没有比一把普通的螺丝刀更好用。

▲ Wenger 16999 Swiss Army Knife Giant
温格16999巨人瑞士军刀

　　这种错误的做法，我们一般称为 Over Design 即过度设计，进行简单的字面理解就可以明白，同过度包装一样，过度设计就是没有从人的真正需求出发，反而提供了冗余的功能，导致产品本身易用性的降低。

　　因此，我们接下来所要讨论的就是如何在设计中避免过度设计，创造真正符合用户需求，能够提升产品价值的功能组合。我们回顾一下书架台灯这件产品，为什么它的"书架 + 台灯"的功能组合非常合理，是什么因素使得组合了功能后的新产品具备了更好的使用体验？

　　答案就是并用的应用场景。它所组合的两个功能所对应的应用场景是可以进行并用的。通过场景的合并，二者可以变为在同一应用场景下出现的多个功能。前文所提到的，将打印、复印、扫描功能集合为一体的打印机，之所以会成为当今家用打印机中最为普遍的产品形态，就是因为它所具备的三个功能，能够解决这一场景下的大多数的需求。同样，如下图所示的深泽直人设计的带有废纸篓的打印机，也是通过在同一场景下的功能组合，为用户创造了一个巧妙的产品形态。并且这一系列作品，还选择了更多的场景组合，例如办公桌和废纸筒，是深泽直人所提出的无意识设计的典型代表。我们可以将无意识理解为一种极其巧妙的场景结合，在这种结合下，用户的一切需求都可以自然而然地被产品功能满足，以至用户的使用行为都处于一种无意识的状态。就像当你需要把一摞纸整理成一册的时候，会直接拿起办公桌上的订书器，产品的功能已经内化为了一种用户的使用习惯。

　　通过并用场景找到可组合的功能，从而得到产品创意的方式，就是本章设计方法的主体思路。

▲ 带废纸筒的打印机——深泽直人　　　　　　▲ 带废纸筒的办公桌腿——深泽直人

　　我们更进一步地对符合合并应用场景的功能进行定义，它指的是这几种功能具备某种联系，即用户会在相同的场景下产生需求，就像在很多情况下我们阅读时需要点亮台灯，阅读结束后需要关闭台灯，于是就有了台灯书架的设计。

　　通过总结，我们可以得到一个书架台灯产品功能模型，它是由两个具有共同场景的功能组合而成的产品。基于这个发现，我们可以把它抽象为下面的方法模型，将具有相同场景的多个功能进行组合，即可形成一个新的产品创意。

　　在设计的过程中，可以通过寻找两个功能的共用场景，或基于一个功能的场景寻找其他功能，这两种方法来进行创意的发掘。

▲ 阅读场景下的书架与台灯功能组合

　　因此，方法 1 的侧重点是，在多个产品的功能中，寻找它们可能出现的共用场景，从而组合形成新的创意。首先，我们可以把上一章的模型中的"问题 + 方法"，直接简化成功能，从而突出场景在产品中的重要性，得到了下图中的模型，即每个产品都是由一个或多个功能和场景的搭配组合而成的。基于这个思路，我们需要分析足够多的产品，从而找到可以共用场景的功能。当我们剖析了足够多数量的产品后，其中一定会出现两个或多个产品之间的具有相同或相似场景的情况。将这些场景并用后，再对两个或多个产品的功能进行组合，即可得到新的产品创意。

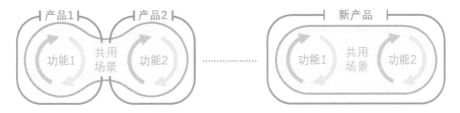

▲ 方法1：寻求多个功能的共用场景

以一个具体的流程为例，来介绍方法 1 的使用。假设我们所剖析的产品为榨汁机和茶杯，那么很显然，它们各自的功能分别为榨汁和泡茶。但是在对场景定义的时候，我们会发现二者的功能能够通过泡柠檬茶这样的一个场景，得到巧妙的结合。因此，我们就将柠檬茶作为二者的共用场景，将这两个功能进行组合，从而产生一个新的产品创意——榨汁茶杯。

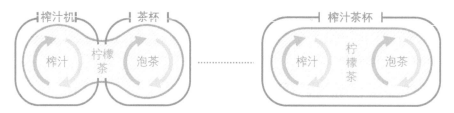

▲ 方法1案例：榨汁茶杯的设计流程

Tithi Home 品牌就设计过这样一款榨汁茶杯，下图是榨汁茶杯的使用流程。在相同的场景下，榨汁与喝茶两个功能非常自然地融合在了一起，因为榨汁与泡茶都是在一个杯子里，从而减少了将榨汁机中的柠檬汁倒入茶杯的环节。将茶直接倒入榨汁茶杯内的操作，使榨汁茶杯中的果汁和果肉与茶水进行了更加充分的混合，让柠檬茶的果香更充沛，也一定程度上减少了榨汁机清洗的烦琐。因此，相对于独立的榨汁机与茶杯来说，组合起来的产品具有更好的使用体验。场景的并用，让两个功能组合产生的产品创意，达到了 1+1>2 的效果。

显然，榨汁机与茶的场景并不总是相同的，因此找到类似柠檬茶这种可以囊括多个独立场景的共用场景，就是这个方法中最为关键的能力，就是我们标题中所说的场景并用。需要设计师用洞察力和创造力，将场景合并，重定义为一个新的共用场景。

▲ 柠檬茶杯（设计：Tithi Home）

此外，我们刚刚还提到可以基于一个功能的场景寻找其他功能的设计方法 2。与方法 1 相比，方法 2 更注重效率，其核心思想是基于某个场景，寻求可组合的功能。因此会缺少很多随机性所带来的惊喜，但由于带有较强的目的性，所以可以快速得到较多创意。

　　方法 2 也是从产品的剖析开始，之后根据这件产品的应用场景，去寻求其他会出现在同场景下的可组合功能。

　　使用这一方法，可以通过某一个产品的一个场景，寻找到在其相同场景下的多个可供组合的其他功能。依旧以 Tithi Home 设计的茶杯为例，如果将场景定义得更广泛一些，例如，从调制柠檬茶，定义为调制饮品，那么我们就可以在这一场景下找到更多的产品功能需求。例如，调制饮品时需要的冰格具有制冰功能，小型酒杯具有调酒功能。那么这些基于同一场景的功能，只要进行组合，即可产生出新的产品创意，如冰格茶杯、调酒茶杯等。

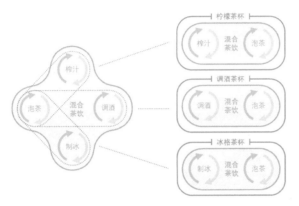

▲ 方法2：基于共用场景发掘可组合功能

▲ a cup of ...

Tithi Home Design

Tithi Home 所设计的 a cup of…系列作品包含了榨汁茶杯（柠檬茶）、冰格茶杯（冰茶）和调酒茶杯（朗姆茶）。显然这三款杯子都是典型的 1+1>2 的产品，因为它们都保证了其所组合的功能是在相同场景下出现的，因此使用中都能显得十分自然、易用。

我们还可以多浏览一些其他产品案例，用来强化对这一方法的理解，并通过思考产品背后的创意过程，训练自己的创意思维。

▲ 其他功能组合的产品创意设计

串联场景，重构产品

现在，大家对使用智能手机来拍照这件事已经习以为常。但是，在手机由功能机向智能机转变的时代，很多厂商都在竭尽所能地把各种新技术、传感器融合到手机中去，基本上，大家都希望通过自己的功能组合，达到1+1>2 的效果。

在诸多的组合中，有一个典型的由两件完整产品进行组合的思路出现在市场上，即手机＋相机，在出现具备拍照功能的智能手机之前，手机和相机其实是两件完全独立的产品。

两件产品的整合就一定面临着如何通过加法让它们变得更加好用的问题，在回答1+1 是否大于 2 之前，我们先要回答一个问题，我们设计的是一个能以手机为主产品的能拍照的智能手机，还是以相机为主产品的能打电话的智能相机？

▲ 拍照的手机和打电话的相机

　　很显然，对于以手机还是相机为主体这一问题，我们今天已经有了答案。如今具有拍照功能的智能手机的产品组合已经被验证了是符合 1+1>2 这一标准的，一台 iPhone 的使用体验，在便捷性上高于同时随身携带着手机和相机两台设备所提供给用户的体验。此外，从下图中的实际使用效果也可以想象，一台能打电话的智能相机的真实使用体验如何。

　　独立产品的组合与单纯的产品功能组合不同，作为一款独立的产品，其自身就已经是多个产品功能的组合。在这种情况下，如果只是两款独立产品的盲目相加，显然会导致产品具备过多功能，只会得到一个过度设计的具有大量冗余功能的复杂产品。因此，在对完整产品进行组合时，第一个需要注意的就是，选择主体产品。一定要让一件产品为另一件产品做配角，辅助主角为用户提供更好的使用体验。

　　既然主产品的选择可以决定产品的组合是否能够产生更好的体验，那么什么标准能够帮助我们确认，产品组合中哪件产品能够作为主产品呢？这就是我们要关注的第二个要点，场景的时序性。

▲ 三星GALAXY S4 zoom

我们在前面反复提到，用户会在同一场景下，产生多个功能需求。设计师可以将同一场景下的功能进行组合，即可得到在这一场景下的适宜产品。可以通过寻找几个场景之间相关联的部分进行场景组合来得到过渡场景。右图所表达的就是两个场景与过渡场景之间的抽象关系。

▲ 两个场景间的过渡场景

一般情况下，多个场景之间的关系是有时序性的，如洗菜、切菜、炒菜往往总会连续地出现。

▲ Rinse & Chop切洗一体砧板

也就是说，可以把用户所经历的多个场景，按照时间的先后顺序进行组合，从而得到一个用户的旅程，可以用时间轴来进行表达。而在同一个时间轴上的场景之间，一定具有某种关联。因此，在功能组合的时候，需要通过场景之间的关联来对产品的组合方式进行定义。而当产品的功能，能符合由于场景的时序性而在交叠处产生过渡场景的需求时，产品就能产生更高的价值和更好的体验。

▲ 场景时序性所产生的交叠场景

用户会在某种特定场景下利用某件产品满足某个需求，而在同一个时间轴上的多个连续场景，往往会具有类似的特定条件，并且组合后能够形成一定的故事性。当我们把两个场景用在同一套特定条件上时，它们就会在一个时间轴上产生故事，我们称其为场景组合。而多个场景在时间轴上的不同时序组合往往给人带来的主观舒适度的差别是巨大的，我们需要将场景的时序排布尽量符合用户的行为习惯，尽量让用户感受到舒适、易用，就好像电影在场景转换的时候，需要通过拍摄技巧和镜头语言来让观众更易于理解和接受一样。

例如用相机自拍和用手机联系朋友，这里拍照和社交是两个独立场景，场景中分别用到了两个独立产品——相机与社交软件，而两个场景在同一时间轴上的组合非常顺畅，能够产生一段具有故事性的描述，我们称其为具有时序性的场景，具有拍照功能的智能手机提升了拍照与社交两个应用场景之间转化的舒适度。

因此，我们说应用场景是特定的人物在特定的时间和地点，产生的特定需求。用户日常的使用都是基于某故事线的场景组合，而场景组合中所包含的绝不只是拍照这样一个独立的应用场景，用户的需求也不会仅通过设计某一件独立的产品就能得到满足。例如，一个在计算机前办公的人打开相机，可能多半是要拍摄屏幕；而在景区旅游的游客打开相机，则基本可以肯定是要拍摄风景或自拍。同样是拍摄场景，当它与不同的场景进行组合的时候，也会产生不同的对产品的需求，拍摄电脑屏幕照片的用户和拍摄风景照片的用户对图片的需求一定是截然不同的，这些因为场景组合而产生的细微区别带来的用户对产品需求的变化就是我们在进行产品组合的时候尤其要注意的地方。

那么在设计中，设计师在串联场景后，重构产品的时候，需要首先明确用户的应用场景，之后需要对用户的下一个行为进行预判，从而得到多个场景，并且在进行场景的组合时需要注意应用场景的时序性。建立时间轴能够帮助设计师发现更多用户对产品的需求，以及用户对与产品组合重构时的定义。就像设计师可以思考在拍照这个应用场景之前或之后都可能连接哪些不同的应用场景，当办公场景与拍照场景结合的时候，屏幕照片可能更多的是与电子邮件等办公文件的传输系统这类产品进行组合，而由旅游场景和拍照场景组合而成的风景照，应该更多的是与社交网站、媒体等产品进行组合。

总结起来，我们可以认为，设计师如果希望自己的由功能组合产生的产品能够达到 1+1>2 的效果，那么就一定要保证功能是从用户使用时的应用场景出发进行设计的，并且多个功能需要在某个特定的场景下存在一定的联系。

而在对两件或多件产品进行组合设计的时候，就需要保证，这些产品所对应的应用场景是出现在同一时间轴上的，并且这些场景在时序上具有一定关联。

显然，相机与电话的组合带来的是一个革命性的产品——具有拍照功能的智能手机。面对如今的移动互联网产品，我们同样可以通过场景组合的方式，对现有产品进行优化。优化的设计过程中，依然应该基于场景组合的时序性去对产品进行组合设计。

　　2014 年 1 月 27 日微信推出了红包功能，到今天已有 5 年的时间。2018 年第一季度的数据显示，在三方支付领域中，支付宝份额为 53.76%，而以微信为代表的腾讯金融，市场份额达到了 39.51%。可以说已经发展成了具有与支付宝体量相当的第三方支付平台，这背后有非常多的推动因素，但是我们这里主要针对二者所基于的场景组合的时序性进行分析。

　　从下图中微信红包的交互设计中不难看出，尽管它是一个转账功能的应用，但它的界面并没有贴近电子银行或支付宝的设计语言，反倒是以一个类似对话框的方式出现在了聊天界面。并且在拆开红包的时候，也考虑了其社交属性，为红包添加了编辑祝福语等功能。

　　微信本身是社交场景的应用软件，如果我们想要在微信的社交场景中增加支付场景，首先就要对中国用户的社交场景进行简单理解。不难发现，在中国的社交场景下，存在着一种与支付场景相关联的现象——发红包，而腾讯正是抓住了这个切入点，为微信赋予了电子支付功能，从而将社交类产品与支付类产品进行组合，形成了以社交为主的具备支付功能的产品形态。因此微信把红包直接设计成一种具有特殊造型的对话框，从而让发红包这一场景更加自然地融入到社交场景中，这样的两个产品组合，让社交与电子支付两个场景具有了更加紧密的关联。

▲ 微信红包交互设计

更进一步地，在支付场景下的直销场景促进了微信向电商产品的进军，进而促成了微信由一个单一的社交场景下的应用软件类产品，变为了集社交、电子支付、电商等诸多场景为一体的平台类产品。

▲ 支付宝生活圈与微信朋友圈

反观支付宝，通过其生活圈的设计不难看出它希望从支付场景切入到社交场景的野心，然而这两种场景之间却没有必然的联系。下图中的交互界面显示，为了让自身场景与社交场景结合，支付宝在生活圈的评论中，增加了打赏功能。先不对用户是否关心支付宝好友的生活动态做讨论，我们试想一下在浏览朋友圈的场景下，是否会产生打赏现金的诉求，就已经可以理解这个应用失败的原因了。

更何况支付场景下，并没有什么天然的具备社交场景属性的功能可以作为其切入点，本就对支付场景非常敏感的中国人，很难通过支付场景下的关系建立起更加紧密的联系，自然也就无法让支付宝的社交功能得以实现。

▲ 支付宝生活圈与微信朋友圈

用户参与式产品功能组合

构建参与感，就是把做产品做服务做品牌做销售的过程开放，让用户参与
进来，建立一个可触碰、可拥有，和用户共同成长的品牌！

——《参与感：小米口碑营销内部手册》

　　既然设计师在对用户的理解过程中存在着诸多困难，我们何不省去中间环节，直接让用户参
与到设计中来呢？

▲ 模块化手机概念图

　　这种情况自然是最理想的，对此，设计方法中也有专门的定义即"用户参与式设计"。就是通过让产品的典型目标用户参与到设计前、设计中、设计后的整个过程，从而保证产品的最终方案能够更加符合目标用户的预期。但是，受到成本限制，只有很少的用户能够参与到设计过程中，而再具有代表性的用户也无法反映所有用户的声音。因此，参与式的设计也只能是一个美好的愿景。

　　但是，近几年在建筑业和制造业的影响下，产品模块化设计成了一种能够增强用户参与感的新的设计方法。模块化设计指的是，企业将产品的功能按照多个不同模块进行生产，而用户则根据自己的需求，购买不同模块，并在购买后，通过对模块组合，亲手设计并组合出自己心仪产品的设计流程。这种极大地提升了参与感的产品设计方法，增加了用户对产品的满意度，也减轻了设计师由于难以把握用户需求，而不知如何定义产品的苦恼。

　　这种充满理想主义色彩的设计方法，同样有人在践行。2014 年 4 月 15 日，谷歌召开了 Project Ara 的研发者大会，在会议上，谷歌发布了一款模块化手机，引起了行业的巨大轰动。从此之后，设计师再也不需要为了在手机上加一个传感器而说服全公司的工程师和市场部同事了。一切都可以由用户自主定义，手机厂商可以想到什么就做什么，而功能的组合和基于产品功能模块的产品再设计，将完全交给用户，也就是说每位用户都会是自己的产品经理。

　　通过谷歌设想的不同模块组合后得到的产品形态可以看出，需求差异巨大的不同用户，都可以通过对模块的自主选配，设计出自己专有的手机。例如，热爱旅行的驴友选择具备强大拍照、存储功能和导航功能的手机；上班族选择具备更强文件处理能力和网络性能的手机；老年人则选择更加简洁，并且声音足够大的手机。

　　模块化的优点非常明显。首先，其大大降低了产品的成本，同时也降低了产品售价，用户可以先购买一个基本模块，而其余模块可以按需购买；此外，其降低了论证和开发的周期，公司再也不需要为一两个新功能而重新研发一台手机，只需要增加一个模块即可；最后，用户自主定义场景，完成产品迭代，极大地减轻了设计师对理解用户需求的负担和压力，设计师可以随心所欲地增加模块，用户喜欢则扩大生产，用户反馈一般也不会影响手机的销售。

　　当然，由于工程实现、人事变动、公司经营等诸多因素的影响，谷歌的模块化手机这一革命性的产品，最终并没有得以落地，但是我们看到了模块化在产品设计中的潜力。

▲ 旅游爱好者自定义的手机

▲ 上班族自定义的手机

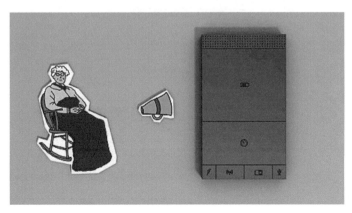

▲ 老年人自定义的手机

　　模块化并非是产品设计中独有的思维，在 20 世纪初期，模块化就已应用于建筑业、制造业等诸多领域，影响深远。20 世纪 20 年代，德国 Fritz-Werner 公司设计的机床，就已经按照其部件的不同功能进行了模块化的设计，直到今天，工厂中用到的大多数机床依然沿用着模块化的设计方式。在汽车领域，模块化的汽车设计，实现了汽车不同部件可以通用及异地生产，在战争时期这个功能尤为重要，模块化的设计可以保证任何一台战车的配件都可以移植到另一台战车上，这样，两台受损的战车或许可以在紧要关头重组为一台完好的战车。

　　例如， jeep 军用轻型侦察车的车头灯与今天的车相比可能远没有那么高的美观性，但是正圆形的设计，却让它能够左右通用，而今天的车头灯，由于不再具备这种应急需求，因此左右车灯是不通用的。

▲ 1941年的美国军用SUV jeep Willys MB

　　例如，07 款的奔驰 E 级车的标志性车头灯，即使和 jeep 军车一样采用了圆形的设计，但是由于美观考虑和新的诸如"随动转向"功能的添加，导致它的左右车灯已经不再通用。

　　在计算机领域，软硬件都存在着模块化的设计，自己动手组装过计算机的人对此都应该深有体会，如果没有模块化设计，生产自不同企业的显卡、中央处理器、硬盘等硬件是不可能组装到一起并且合作运行操作系统的。在软件设计这类非物理产品领域中，模块化更是一个编程的重要思想，它通过将不同程序按需地进行模块化的分割，极大地增加了开发效率，降低了开发成本，并且方便了不同团队之间的协作开发。

　　以上都是模块化面向生产者的优势。很多产品都是通过专业领域的先导研究，逐步过渡到消费者中去的。模块化能够在消费者中得到呼应的最大优势，就是用户可以根据自己对应用场景的精准理解，选择对应的功能模块进行组合，从而创造出具备"定制化"属性的产品。

▲ 07款奔驰E级车头灯

　　那么针对此类设计，设计师要做的将不仅是"1+1"中的"+"，更是为用户创造便于组合的"1"。在这类设计中，设计要做得更像是一个减法而非加法，我们要把产品尽可能简化到原子级，让每个模块都不可拆解，从而保证模块的成本和组合的多样性；同时还要保证单一模块的可用性，不要因为过度拆解，增加用户的认知负担，让每一个产品都变得像拼图一样难以组合。这其中的拆分程度的拿捏，就是面对模块化设计主题的时候，设计师所需要做的。

　　我们在前面的章节 2.2 中所列举的三星变焦手机，虽然其市场反响一般，但是既然三星会设计具有相机形态的手机，就意味着这样的市场需求一定是客观存在的。只不过可能并不是面向大多数人群的，而小众化的需求，正是模块化设计的突破口之一。对于一些把握不准或相对小众的产品功能，设计师可以采用模块化的方式进行设计。

　　例如，我们今天依然可以看到类似的手机，但它不再是一台具有变焦功能的手机，而是配置了哈苏模块的摩托罗拉智能手机。摩托罗拉延续了先前 Project Ara 的概念，并将其产品化为了 Moto Mods，用户可以通过摩托罗拉所提供的模块，将自己的手机组合为需要的功能。除哈苏摄影模块外，Moto Mods 还支持诸如电池、投影仪、外放音箱等多种可以让用户按照自己的场景需求去重新组合定义产品形态的模块，并且模块的更新也时刻保持了用户的消费黏性。如在华为等诸多手机厂商纷纷宣布将在 2020 年上市 5G 手机的时候，摩托罗拉由于其模块化的自身优势，在 2018 年就发布了全球首款 5G 手机，而它实现 5G 功能的产品，正是一个 5G 通信模块。这种对生产效率和新产品发布速度的极大提升，突出了模块化产品设计思维在公司战略上的贡献。

▲ Moto Mods

但是，不得不正视的是，Moto Z 系列手机和 Moto Mods 模块的销量表现确实不尽人意。这背后的主要原因是，无论企业抑或设计师，都要重视技术的变化对设计带来的巨大影响。模块化手机的推出背景是无线通信技术还不足以承载大数据量信息的时代，而随着各种高速的无线通信协议和 5G 时代的到来，模块化产品的形态，一定会摆脱这种物理连接的模式，成为一种更为广义的模块概念。例如，苹果手机的用户，可以随时通过无线网络访问存储在 iCloud 云端的照片、备忘录、文件等，而这里的 iCloud 云盘其实某种意义上来说，就是苹果手机的一个存储模块。此外，Apple Watch 采集用户的心率等信息，再无线传输到苹果手机上进行数据分析处理，最终在"健康"或其他应用中呈现给用户，这样的产品关系，我们也可以将 Apple Watch 定义为一种广义上的苹果手机的模块。

因此，摩托罗拉提出了一个具有前瞻性的设计方向，随着技术的进步，相信身边越来越多的产品会以广义的模块化的形式出现在我们身边。

▲ iCloud界面

基于场景的产品功能模组拆解

对于用户而言，模块化设计的优势非常显著，但是过度的模块化或模块化程度不足的设计，却有可能产生负面影响。例如，下图中的 Thinkpad Stack 的 PC 附件和模块化的电脑主机箱，这两件产品本质上都是台式机的模块化设计方案。但是，如果用户是普通的消费者，那么显然后者的模块化程度过高，一般消费者很难掌握其拼装方法；而如果用户是有一定背景知识的 PC 用户，希望通过自主的组装，得到一台符合自己性能要求的PC，那么显然前者的模块程度又不足，消费者可以进行拼装重组的程度又无法满足他们的需求。

▲ Thinkpad Stack PC附件的模块化

▲ 模块化的电脑主板

　　因此，在模块化的设计过程中，需要设计师尤其注意的是产品模块的拆解程度。显然，拆解得越零散，那么用户对产品的可自定义的程度就越高，产生的组合方式就越多。而拆解后的模块越集成，那么用户对产品可定义的空间就越少。就像前面提到的 Moto Mods 模块化手机，作为一件面向大多数普通消费者的量产产品，它只能通过手机背面的磁力接口吸附一个模块，从而拓展手机在某一个方面的性能。相比之下，依旧处于概念阶段的 Google Ara 模块化手机其背面有 8 个不同尺寸的扩展接口，用户可以按照需求去进行深度定制，这种定制程度相当于重新设计了一台手机。正因如此，Ara 在刚发布的时候，得到了"极客"、设计师等相对专业的手机用户的一致好评。但是，并非所有用户都需要和有能力去进行这样的深度定制。因此，为数不多的愿意将模块化手机付诸生产的公司中，LG 与摩托罗拉不约而同地都选择了 1 个手机仅可以连接 1 个模块的方式。

▲ Google Ara概念模块化手机　　　　　　　　　　▲ Moto Mods量产模块化手机

　　将 LG 和摩托罗拉在模块化的量产手机上做出的尝试进行对比可以发现，LG 选择以插拔的方式对模块进行更换，而摩托罗拉则是通过磁吸的方式。到今天，LG 的模块化手机项目已经正式宣布停止，而摩托罗拉的模块化之路仍在继续，支持模块的 Moto Z 系列手机也已经推出到了 Z3，也就是全球首台支持 5G 的手机。相信在未来，无论摩托罗拉模块化手机的发展如何，Moto Z3+5G 模块的组合，以及摩托罗拉对创新的执着和情怀一定会在历史上留下浓墨重彩的一笔。

▲ LG插拔式模块化手机

▲ 摩托罗拉磁吸式模块化手机

在对产品进行模块化设计的时候，设计师所用的基本流程是从场景出发，明确这件产品一定要满足的场景，对这些必要场景中所需要的产品功能进行拆分。拆分后，把可以适应多个场景的功能，作为主体产品的功能。而一些只能适应少数场景的功能，则作为模块出现。最终达到的效果是，用户所购买的产品，可以适应用户大多数场景的需求，而在一些特定场景下，我们的模块，可以通过扩展产品的功能，去满足特定场景下的需求。

如下图所示，是宜家艾格特产品组合后所能适应的场景中的一部分，可以看到通过组合，艾格特可以用于衣帽间、洗衣间、卧室衣柜、办公空间、阁楼储物、边缘空间的充分利用等。而这些不同的场景自然会有不同的功能需求，例如，办公场景下，需要一个具有一定深度的桌面，而衣帽间可能只需要很浅的置物台。

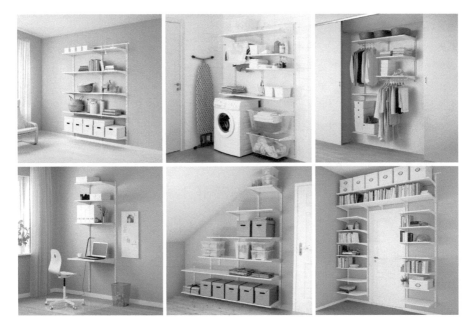

▲ ALGOT 艾格特在不同场景下的组合方式

因此，我们需要对场景中的功能进行统一梳理，将只符合少部分场景的功能独立设计成为功能模块，将各场景都通用的功能作为主体功能。宜家艾格特面对这些场景，设计了下面不同的功能模块和主体功能。

出于适应最多场景需求的考虑，艾格特选择了墙面支架和支架悬挂孔作为其主体产品，消费者需要首先根据自己的场景需求，选择合适数量和高度的支架，用于创造可供防止扩展功能模块的空间。特定场景中所需要的功能，则通过消费者按需地选配图中的功能模块并组装到艾格特框架上来得以实现。

"罗马不是一日建成的"，宜家的模块化设计，也是大量优秀的设计师长期坚持，持续创造，才完成的一个巨大的产品概念。它的背后有许多商业、制造业、社会需求等因素的推动，已经脱离了单纯的概念范畴，是一般设计师通过少数人力和相对较短的时间难以达到的目标。

这里通过一个更加纯粹的例子，来解析如何通过场景的分析对产品的功能进行拆解从而得到模块化的产品。

▲ 宜家ALGOT 艾格特系列模块配件

　　早在公元 1194 年，中国人就已经设计出了模块化的家具，我们可以在黄长睿的《燕几图》中看到具体的设计方案。燕几，即宴几，是一种组合的案几，通常用于设宴。古人对模块化家具的设计也是从场景出发，对产品进行拆分，从而让用户可以通过组合各模块，达到适应不同宴席仪式的需求。

　　古人极其注重仪式感，尤其是宋人，更是对雅致生活有着极高的追求，因此宴席场景会根据人数的不同、座位的不同，而营造出不同的氛围。燕几就是由此出发的，根据最大的参宴人数，选择一个足够尺寸的方桌，如果对方形的桌面进行拆分，就可得到一组由长桌二件，每桌可坐四人；中桌二件，每桌可坐三人；小桌三件，每桌可坐二人，共计七桌的组合几，也就是我们所说的由七个模块组成的产品。

　　它能够实现模块化的主要方式，也与今天的常用方法一致，就是通过标准化的尺寸设计。这套燕几以"长一尺七寸五分，高二尺八寸"的方几为基础模数。一个方几的台面边长为"一尺七寸五分"，折算成现在的尺寸，约 53cm，刚好适合一个人用餐时的宽度。几的高度为"二尺八寸"，约 85cm。有家具设计经验的人应该知道，今天一张桌台的最佳高度，即是 80cm 左右。而其长度则是基于宽度进行设计的，才能够保证在组合的时候，能够形成一套套规整的宴会用几。这七个桌子的长度在设计上，长桌长七尺，即宽的四倍；中桌，长五尺二寸五分，即宽的三倍；小桌，长三尺五寸，即宽的二倍。七个桌子可以通过组合，形成不同的宴会用几的排布方式，从而满足不同宴会场景的需求。

　　书中用图演示出所设计的二十五体（类）七十六种名称不同的组合方式，显然，这些组合方式，是通过模块进行再创造的，并非起初便想到的，设计者还通过组合后的轮廓和桌缝线条想象命名。

　　综上可以总结出，在模块化设计的时候，设计师要经历的是这样的一个流程。从场景的筛选，到场景中对功能需求的罗列，再根据功能对场景的适配情况及数量，决定哪些功能需要设计进入主体产品，哪些功能需要独立存在成为模块。最后，为了让设计更具价值，设计师还要对模块的组合方式进行再创造，尽可能寻找模块扩展下核心产品所适应的场景数量。

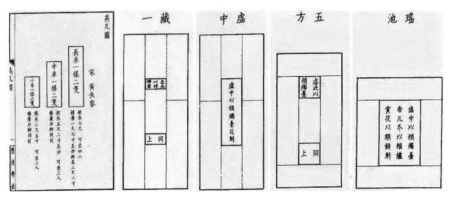

▲ 《燕几》设计图

产品的自我组合

前面说到的拆解是为了通过拆解能够保证模块与产品的按需组合可以满足
不同场景下的需求，而拆解中有一种极端的情况就是拆到无法再拆，就像
化学中可以对化合物进行分解，但是当分解到原子的时候就无法再进行化
学分解。

　　针对这种已经拆分到无法再拆的模块，我们暂且称为原子模块。如每一块乐高积木都是典型
的只能用于组合而无法再拆分的模块。

▲ 乐高积木

与前面提到的模块化不同，乐高这类原子级的模块化产品，不再是从场景出发，面向消费人群去平衡模块化的程度，而是直接将模块化做到极致，让产品由一种功能的载体，变成创意的素材。设计师如何创造出这种既能极致标准，又能极致定制的产品呢？我们可以通过深入研究乐高的两次转型，找寻可供学习的经验。

1. 原子级的拆分要足够标准化、通用化

2005 年乐高毛利率是 58%，短短四年后毛利率快速提升至 70% 左右，根本性变化在于其发现产品系列中 70% 是由标准通用件组成的，并据此削减了使用频率极低的新零件，将 14 900 个零件缩减到 7 000 个。我们可以看到在极致的模块化面前，标准与通用是两大核心目标。首先，标准带来的是对生产者和消费者的双向受益，针对生产者足够标准化的部件，可以通过共用生产线、降低开发成本等方式使得生产研发难度和周期极大降低，而对于消费者来说，标准化的产品意味着，他们可以在全球各地购买到可以通用的产品。这个原则就好像，当你旅行到一个完全陌生的国家时，你依旧可以吃到熟悉的麦当劳，喝到口味相同的可口可乐。而通用化是能够保证各产品线和不同年代的产品可以配合使用，如苹果的 iPhone 和 iPad 一直是共用数据线的，原因就是使用通用的接口。可是在 iPhone 5 上市后，苹果开始启用与 iPhone 4 不兼容的数据接口，这为许多用户带来了困扰，因为消费者无法再让自己已有的苹果产品共用一条数据线。

这个例子中，就既包含了不同产品线之间的通用，又包含了不同年代产品的通用。而前面的摩托罗拉模块化手机在通用性上就严格保证每一代 Moto Z 系列手机的更新都能够与前几代的 Mods 进行适配，因为 Mods 属于相对贵重的产品，可能与手机相比，模块才是主角，因此为了保证消费者对模块的正常使用，摩托罗拉不得不在每一代更新时都保持接口的通用性。

▲ iPhone 4接口（左）与iPhone 5s（右）

2. 制造场景引导消费者学习、创造

乐高公司成立于 20 世纪 30 年代，到 90 年代已经发展为儿童玩具的必备品，但是随着时代的变化，电子玩具的崛起让它有了危机感。于是从 90 年代中期开始，乐高从事了涉猎广泛的创新业务，电脑游戏、电影工作室、乐高教育、乐高辅食、乐高娃娃，甚至主题公园，以及 300 多家品牌店。但没想到这些过高的投入，使得乐高入不敷出，直到 2004 年 10 月，新任 CEO 约恩·维格·克努德斯托普上台，开始推行环球瘦身计划，坚决抛弃亏损业务，将注意力回归到真正能赚钱的核心产品上。

这一战略思想来自一位 11 岁德国男孩的阿迪达斯旧鞋。2004 年年初，乐高的高层为了寻找新的生机，造访了一个德国中型城市。在那里，他们见到了一位 11 岁的男孩。这位 11 岁的德国男孩不仅是乐高迷，还是狂热的滑板爱好者。当被问到最钟爱的东西时，他指了指一双破旧的阿迪达斯运动鞋，鞋子一侧还有皱纹和凹陷。男孩说，这双鞋是他的战利品，是他的金牌，是他的杰作，不仅这样，这双鞋还是一种证明。他把鞋举起来，让屋里的人都能看清。他解释说，鞋子的一面穿破了，右鞋帮磨坏了，鞋跟也明显磨平了。这双鞋的整体外观和给外界的印象都很完美。这双鞋向男孩、男孩的朋友和整个世界表明，他是这个城市里最棒的滑板运动员。

男孩的思维方式，给团队带来的灵感。他们开始注重小样本，他们意识到，孩子们要想在同龄人中获得社会存在感，就要具备一种高超的技能。无论这种技能是什么，只要值得花心思、花精力去做，对孩子来说就是付出努力，最后有所呈现。在这个德国男孩的例子里，就是一双大多数成年人不愿看第二眼的旧鞋。

因此，他们以套装的形式，去创造场景，让孩子们以时下流行的主题切入，并通过搭建让他们在玩的过程中学习，最终鼓励他们去创造。为此，乐高签下了《哈利·波特》《星球大战》和《巴布工程师》的品牌特许权，并将它们作为主题套装销售给消费者，这就实现了一个模块化的产品由功能载体到创意素材的转变。

▲ 乐高DC 漫画超级英雄系列

　　像乐高这类原子级的模块,作为创意素材的定位,就使它能够通过自我组合达到1+1>2的效果,因为它的组合不仅是组合,更是一种创造。除此以外,一般的产品,也可以通过自我组合,达到这样的效果。如果我们把前面所提到的产品组合即 1+1 的这个加法分为两种,一种是 A+B,另一种是 A+A,后者,即是本节所提到的,让产品自己作为自己的模块去优化它的功能。

　　显然乐高属于后者,通过自我组合,成为创意工具。除了乐高,生活中的日常产品,也有很多这样的例子。例如,筷子和剪刀就是典型的用产品自身的组合实现更好用的功能的例子。它们各自都是由两件完全相同的部分组合而成的,虽然几乎不会有人将他们拆解后使用,但是其各自独立的模块确实都具备可用性,例如,一根筷子可以通过串、插来进食,而一侧的剪刀也可以作为刀子用来裁切纸张、布料等。

　　但是,当两根筷子结合在一起的时候,它的功能就发生了本质的改变,用户可以通过熟练的操作,实现夹、挑等不同的方式来进食。同样,两侧的剪刀,通过一个转轴连接后,用户就可以用剪代替裁,从而增加裁剪时的精准度,提升裁剪形状的复杂度。

　　自我组合,意味着这个模块既需要具备插头又需要具备插孔,才能保证每个模块之间可以无限量地首尾相接。就像每个乐高上既有凸点又有凹槽。因此,在进行设计创意的时候,我们不妨用这个思路作为一种方法,快速地得到产品自我组合的创意方案。例如,可以寻找一个存在连接关系的产品——螺丝螺母、电源插头、USB 接口等。选择其中一个,将其扩展为既能够连接又能够被连接的产品,从而赋予产品自我组合的功能。

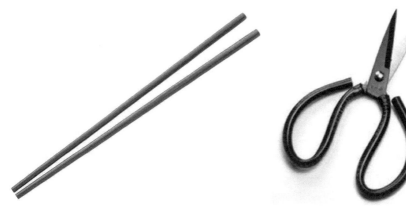

▲ 两根相同木棍组合——筷子　　　　　　　▲ 两个相同的刀片和把手组合——剪刀

方法实践

本节以一个案例，来讲述在产品设计过程中，如何产生能够自我组合的产品创意。首先，能够实现自我组合的产品，一般都符合如下图所示的模型，这件产品会同时包含具有直接连接关系的两个功能，例如前文列举的螺丝螺母、电源插头、USB 接口等。

▲ 具有自我组合特质的产品的抽象模型

当然，我们依旧需要为好的方法找到对的问题。随着技术的进步，科技类产品被做得越来越轻薄，这无疑是有利的。然而它所带来的负面影响，就是像笔记本电脑或手机这类的个人终端，具备的数据接口越来越少。如下图所示，苹果笔记本电脑的数据接口正在极大地减少，在新一代的 MacBook 上更是减少到只保留一个 Type-C 的接口。尽管它的功能强大，可以同时且快速地完成音频、视频等多种数据的传输，但是它依旧为电子产品的使用带来了困扰。

▲ 发现问题：电脑的接口越来越少

　　尽管科技的进步不可逆，但我们身边存在着数量惊人的各类电子设备，它们仍然需要依靠形态各异的接口进行数据传输。消费者很难因为更换了一台电脑，就放弃这些设备的使用，这就带来了如下图所示的问题，我们如何让接口越来越少的智能终端连接这些数量庞大，种类众多的电子设备。

　　当定义清楚问题后，可以利用已有的方法进行尝试。问题主要集中在数据传输场景下的 USB 插头， USB 插头的主要作用就是连接电子设备，实现信息或电力传输的目的。那么，如果我们赋予这样的 USB 插头以自我组合的能力，会达到一个什么样的效果？

▲ 定义问题：越来越少的接口无法适应已经非常多样的设备连接

　　我们会发现，当在每一个 USB 插头上都增加一个 USB 插孔时，就可以把一个 USB 插头变得无限延伸下去。这样，即使我们的电子设备终端只具有一个数据接口，也可以连接多个电子设备。

▲ 功能组合的思路

于是就有了如图所示的"无限 USB"的设计概念，它让每一个 USB 插头的背后都安装一个 USB 插孔，从而让其他 USB 插口可以继续使用。以产品的自我组合，巧妙地解决了我们前面所提到的问题，同时也很好地诠释了本章所讲解的 1+1>2 的设计理念。

通过图中的实际使用效果对照，我们也可以看出，相对于其他解决方案，诸如扩展坞等，无限 USB 也具有很强的优势，使用中它具有更加节约空间等优势。

▲ Infinite USB（设计师：姜公略）

在本章的产品组合中，讨论了基于同一场景的功能组合，基于连续场景的功能组合，模块化
的用户参与式组合，原子化模块的创造性组合和产品的自我组合，可以说，功能的组合方式多种
多样。但是我们所强调的方法都绕不开一个初衷，就是希望组合后的产品能够比两个独立存在的
产品具有更高的价值，不希望看到由于盲目组合而产生过度设计、功能冗余的产品。在设计过程中，
组合不必一定遵循以上的原则，但是一定要有充足的理由，证明这样的组合方式是自然且合理的，
这就一定可以创造出 1+1>2 的产品创意。

▲ 未使用（上）和使用（下）Infinite USB的实际效果对比

实现和构造事物的终极概念包含着多层含义，而不仅仅是停留在美丽和刺激上。在这一方面，设计和诗歌有着共同之处，囊括了生命和存在的方方面面。

——黑川雅之

产品 A 特征与产品 B 特征

使用形式替换

现在我们来做一个小的情景体验，想象一下当你早上起床，走到镜子前准备洗漱时，在拿起牙膏准备刷牙的时候，手里的牙膏像下图中1牙膏的样子，你会怎么挤牙膏？假如看到的牙膏是下图中2牙膏的样子，你挤牙膏的方法会不会不同？假如牙膏的状态是下图中3牙膏、4牙膏的样子，那么你挤牙膏的方式是否还会有变化？

大多数人的答案是肯定的，牙膏的使用痕迹，会影响人对牙膏的使用方式。任何一件产品与人之间都是相互影响的关系，人可以根据自己的主观对产品进行改造，而产品同样会通过其形态特征、使用痕迹、功能特征等对人的使用进行影响。

▲ 不同使用痕迹的牙膏

　　使用习惯主要来自人基于经验的认识世界的方法，人类会通过自己对世界的不断改造，将行为与反馈之间的映射关系逐步建立，从而创造出一套理解方式。而我们所要做的，正是利用这种理解方式，将我们设计的产品与用户之间形成这样的映射关系，从而更好地完成产品与用户之间的对话。

　　基于这一思路，我们不妨继续牙膏的话题，来进行一个简单的设计体验替换的方法。需要分析牙膏究竟具有几种使用形式。

　　使用形式的提炼，一般是通过对使用流程的回顾进行的。一般人使用牙膏，都是先看到牙膏管体，确认是否还有余量，之后拧开盖子，挤压管体，将挤出的牙膏涂抹至牙刷上，将盖子复原，结束牙膏的使用。

　　我们可以简单地将这个流程总结为以下 4 个使用形式。

　　（1）牙膏余量可通过管身形态了解。

　　（2）旋转可开启。

　　（3）管身可挤压。

　　（4）管口可直接涂抹。

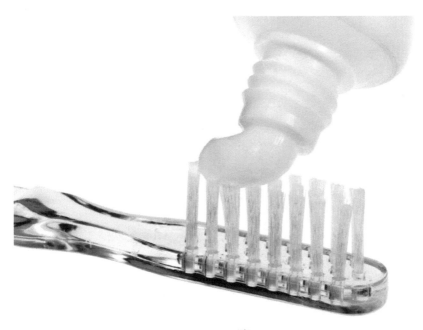

▲ 牙膏

　　因此，牙膏就是产品 A，可以尝试将牙膏的四种使用形式替换到产品 B 上，从而形成一个新的设计方案。

　　接下来寻找产品 A 中最有特色的使用形式，通过可挤压管身将膏状物涂抹到对应位置是产品 A 最具特色的，并且在使用中相对容易得到用户好评的使用形式，因此选择此形式作为产品 A 可替换的使用形式进行进一步的发散设计。

　　下面的工作就是寻找与牙膏具有形态相似性，并且使用形式不同的产品 B，并且保证牙膏的使用形式替换到产品 B 上以后，可以解决某些问题或带来更好的体验。

　　挤压式果酱包装，如下图所示。设计者寻找到了一个问题，玻璃罐中的果酱似乎不那么易用，需要用勺子把果酱舀出，再用餐刀或勺子背面抹在面包上，然后进行食用。这一过程涉及很多工作内容，使食用果酱造成了很大的易用性障碍，尽管它与口感无关，但是依旧影响了食用体验。设计者由此提出了，利用牙膏的使用形式特征替换罐装果酱的使用形式特征的方式，为果酱的取出、涂抹等操作流程，提供了更好的使用形式，从而提升了食用果酱的流程体验。

▲ 挤压式果酱

▲ 罐装婴儿辅食

类似的膏状物，还有婴儿辅食，罐装的婴幼儿辅食需要从罐子中盛出来，进行喂食或进一步调配，这样的操作容易使整瓶辅食被污染。此外，罐子本身的形态、也影响了辅食的取出。

易用型的婴幼儿辅食包装需要保证膏状物的挤出形式卫生并且符合使用习惯，还可重复使用。显然牙膏的使用形式在此产品中再一次起到了提升作用，可以替换传统的玻璃罐装方式，结合简单的诸如盖子、管身形状等根据辅食特性的再设计，即可得到如右图所示的易用型的婴幼儿辅食包装设计方案。

▲ 易用型婴儿辅食

　　因此我们可以认为，生活中的所有已有产品（产品 A）都可以提炼出某些部分，应用于其他产品（产品 B）上，从而实现对用户使用的影响，并改善产品的使用体验。这就是使用形式的替换，除牙膏还有门把手、方向盘等生活中大量的产品，都通过产品的外观、造型等隐含着使用形式。

　　这里需要简单强调的是，使用形式的替换并非一定需要对产品的形态或包装等产生一个完全的改变。如下图所示的黄油包装，通过对盖子的一个形态改变，也可以达到替换使用形态的效果。产品特征除使用形式，还有造型、功能主体等诸多方面，因此在后面的小节中，将选取三个其他产品特征作为案例，辅助理解特征替换方法。

▲ 黄油

功能主体替换

产品在市场上存在的首要条件，一定是满足了某种用户需求，一般情况下把能提供的需求满足能力，定义为产品的功能。产品中可以实现功能的部分，称为功能主体。功能主体也是产品的特征之一，我们可以通过对产品功能主体的替换，对产品进行改善。

　　我们从下图中的这个锅说起。从文化上来说，锅具有无限丰富的内涵，在象征意义上，古代有"打破砂锅问到底""破釜沉舟"等多种与锅相关的歇后语和成语。从全球背景来看，锅更是一种能够代表文化的产品。中国人炒菜一般只用一个锅就可以做全部的食材，这造就了中国人重视菜品口味上的变化，忽略菜品形式上变化的饮食习惯。而欧洲人用的锅则五花八门，有时同一道菜，需要用好几个锅轮流烹饪才能上桌，这也是欧洲人对菜品形式十分看重的原因之一。

▲ 蒸锅

当问到锅的功能的时候，大多数人的回答或许就是简单的两个字做饭。

但是，如果只从锅的做饭功能主体一个维度来看，会对我们的设计产生巨大的局限性。因此，需要设计师能够从空间和时间两个维度同时扩展功能主体，去寻找与锅相关的所有可能的功能载体，才能帮助我们更好地划定产品的自身边界，并对产品进行优化。

例如，从下左图中的锅，就可以看到如下的功能主体。

（1）锅身：加热、烹饪、消毒。

（2）锅把：隔热、省力、锁定加压。

（3）锅盖：保持水分、保留热量。

（4）气阀：防止爆沸、开锅提醒（声音）。

（5）使用过程：搅匀菜品、将菜品盛至餐具中、计时炖煮、锁定加压。

列举了一些与锅相关的功能主体后，可以看到锅所具备的功能应该远不止做饭。在设计师的视角中，锅应该具备（1）～（4）所述的空间上的功能载体及（5）所示的时间上的功能载体。基于此也就很容易对锅进行再设计。

主体的替换更多是用来提高产品的可用性和易用性，如下右图所示，是一个对锅盖把手部分功能主体的替换。这款产品采用计时器的功能主体，替换了普通的锅盖，通过旋转锅盖上面的把手，同时进行锅盖的锁定与计时。用户可以按需选择计时时间，锁定锅盖，在所选时间结束时，才可打开锅盖。从而解决了烹饪中常会遇到的忘记时间的问题。

▲ 有计时功能的高压锅

　　它所替换的，是锅在使用过程中计时炖煮、锁定加压及锅盖这样的三个功能主体，它将锅自身原本不具备的计时炖煮的功能与现有的锅盖进行了结合。结合后发现，在计时炖煮的场景下，意味着一定时间内会不对锅进行任何处理，因此又结合了锁定加压的功能主体。从而将现有的原本需要借助其他产品来完成的功能部分加到了锅盖上，替换了其原有功能主体，实现了更好的使用体验。

　　替换功能主体能达到提高可用性的作用，如下图所示的铜锣锅盖，就是把现有锅盖上可以靠蒸汽发出声响的部分，替换为了一个具有文化背景的，可以对开锅进行声音提醒的独立的功能主体——铜锣。铜锣是中国传统响器，它清脆的铜质声响，更加适合中国人的偏好，而利用物理方式对水开进行检测也更加稳定易用。相较于未替换的产品，这个新的功能主体提升了产品的趣味性，同时也更加友好。

▲ "当当当"——具有提醒功能的锅盖设计

（设计：张剑、程碧亮、洪思展）

　　如下图所示，沙发更加直观地显示了功能主体替换思想的应用，通过对沙发扶手部分的替换，让扶手保留原有功能的同时，还可以成为杂志、报纸等纸质文件的临时收纳区。

　　总之，功能主体替换，是希望产品能够维持一部分内容，仅替换其组成部分，在维持产品不变的前提下，提升产品的使用体验。

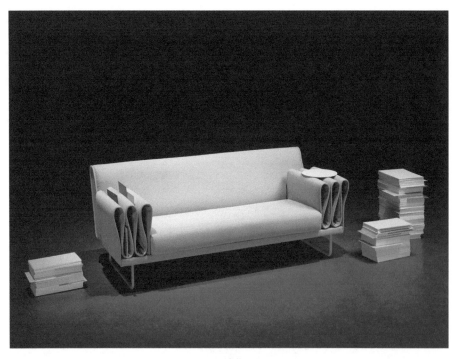

▲ 沙发

产品形态替换

除使用形式和功能主体外，产品形态是显而易见的产品特征之一。一般而言一个良好的可以用来进行替换的形态至少需要具备识别性、可塑性、独立性三个特性。识别性可以保证它的形态能够被大多数人所认可，而不会太过小众，也不会与其他形态进行混淆；可塑性保证了这个形态在进行替换时的适应能力强，能够很好地与其他的形态融合从而创造出有意思的形态组合；独立性是这个形态无须与其他形态或背景环境等相关，只要独立存在，即可被识别出来。形态的替换在平面设计上有多种方法，例如相似形、正负形、图形联想等平面设计方法，都是可以实现形态替换的手段。

我们选一个符合这些特性的形态，即钢笔尖进行分析。从三个特性来说，钢笔尖可以被广泛识别，并且能够在不需要笔身、笔帽等其他辅助形态的情况下被识别，此外它简约的形态和轮廓也具有很强的可塑性。

以钢笔尖的平面形态作为意向时，采用相似联想、正负形的方法，进行形态替换后所产生的创意海报。下左图为通过联想的方法，将钢笔尖与其绘出的曲线设计成风筝的形态，创造了一种钢笔尖可以在空中随风飞舞的意向，比喻文学、思想的自由。下右图的 Logo 2 利用钢笔尖替换了灯塔的塔尖部分，利用灯塔的隐喻，暗指文学对人类发展所具有的指导意义。

▲ Logo 1　　　　　　　▲ Logo 2

　　除利用钢笔尖进行形态替换，还有另一种思路就是钢笔尖自身的形态被其他事物替换。如下图所示，钢笔尖轮廓的部分由字母替换。

　　此外也可以用一些具象形态对钢笔尖的部分形态特征进行替换。

　　下图中的三张海报，都是在保留了钢笔尖的主体形态后，对其部分形态进行替换，从而分别按照需求传达出不同含义的优秀创意。并且三张海报，都选择将钢笔尖中间的缝隙处进行替换。

　　第一张海报，用 USB 插口和数据线替换了钢笔尖的缝隙，寓意着在互联网时代，由于数据可以无限复制和传输，因此任何一个孩子都可以享受顶级教育。

　　第二张海报，用水流和水花替换了钢笔尖的缝隙，传达出一种空杯心态，即在图形上，如果你的杯子被装满，就无法流利书写，而在思想上，如果你认为自己什么都懂了，就很难写出睿智的东西。

　　第三张海报更加直接，利用剑替换钢笔尖的缝隙，传达出一个大家都非常熟知的观念，就是文字同样可以作为武器。

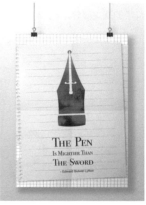

▲ 海报

　　在产品设计中，形态往往意味着某些具体的意向，如开关的形态，意味着按压，会有电路接通；棒棒糖的形态意味着可以吃，而且吃起来甜甜的。因此，如果要对某个产品的形态进行替换，那么往往意味着，这个产品现在存在一些问题，需要通过形态来解决。

　　例如，Lollipop 的设计者将口含式体温计冰冷的测温部分替换为棒棒糖的形态，从而让儿童更易于接受温度测量的过程，将冰冷的仪器设备变得更具有人文关怀。

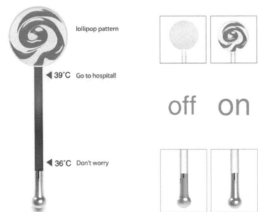

▲ 棒棒糖体温计——Lollipop

钢琴按键门铃——Pianobell

　　Pianobell 的设计者则用钢琴按键的形态替换了门铃，从而将门铃干瘪的提示音变成了一段段优雅的旋律。此外，还在门外的人与门内的人之间创造了一种沟通语言，门外的人可以根据自己的想法敲响一段旋律，来提醒门内的人开门，而这段旋律很可能就会成为一段具有固定含义的沟通语言，促进人与人之间的交流。

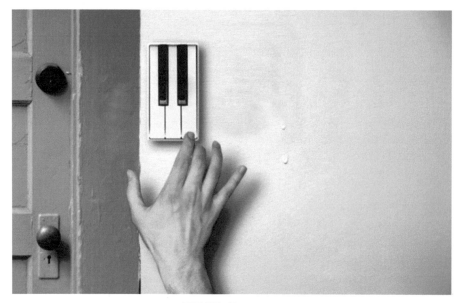

▲ 钢琴按键门铃

　　彩虹铅笔通过将铅笔内部染色，把原本单调的铅笔屑的形态替换为一段段的彩虹，增加了产品使用时的趣味性。

　　因此，产品形态特征，通过其所创造的审美愉悦和与用户之间的直接的语意沟通，实现了对情感体验和使用体验的双方面提升。

▲ 彩虹铅笔

服务系统替换

随着互联网技术和产业的兴起，消费者对产品所能提供的用户体验越来越重视，服务设计成了一个越发火热的新兴的设计方向。我们一般意义上认为的产品，往往在服务设计中只是承载着大量服务的载体之一，而服务设计把产品看作一个系统，用户体验是整个系统综合起来提供给用户的一种使用感受。因此，服务设计所需要的设计思路与传统的设计具有较大的不同。服务设计作为产品特征之一，同样可以适用替换的设计方法。

　　用具体案例来描述，共享自行车是 2017 年最为火热的一个新兴市场，改变了很多人的出行方式。但是自行车分时租赁模式，却早已存在多年。

▲ 共享自行车

　　几年前，我们就可以在北京的很多街边看到这样的共享自行车停靠站，刷卡即可用车，用后归还到另一站点即可。但从市场反馈上可以发现，这种租赁方式并没有被大家普遍接受，相对于现在的共享单车，这种传统的共享单车设计方案是存在问题的。

　　下图为新模式下的实际使用场景拍摄，通过图片可以看到，随着用户自主停放的服务模式的确立，现在的共享单车车辆停放站点更加接近真实的用户需求，公交站旁即可取用共享单车。现在的共享单车对传统共享模式所做的提升，正是源于对传统模式的服务系统的部分特征替换实现的。现有的共享单车，将通过手机 APP 和任意地点取用、任意地点停放的模式，替换了传统服务系统中的车辆租赁付费系统和车辆取还系统，在保留了绝大多数服务系统的情况下，通过替换部分系统提升了产品服务所提供的用户体验。

　　当然，共享单车并非单纯的设计问题，它背后的经济影响也是巨大的。

▲ 新模式的共享自行车

我们换一个案例，来更加聚焦地理解设计语境下的服务系统替换。老年人更习惯以书面形式，进行书信往来的纸质媒体沟通，基于这一方式，有 EMS 等诸多邮政服务系统满足需求。年轻人更倾向于以互联网的媒体形式进行电子媒体沟通，同样的，也有像微信等大量的互联网服务系统满足这一需求。但是，当老年人与年轻人进行沟通时，沟通方式的差异使得他们之间产生了困难。这个困难的背后，其实就是两套服务系统之间的隔离产生的。为了解决这一问题，设计师提供了一个替换部分服务系统的解决方案，通过提供电子邮件打印并邮寄的服务，让年轻人和老年人都可以通过自己习惯的方式将信息发出，而服务系统，通过打印（电子信息转纸质）或扫描（纸质信息转电子）的

▲ 电子邮件

方式，为二者的沟通提供服务，解决了两代人具有不同的沟通方式的问题，从而实现良好体验。

　　服务系统作为一些新兴互联网产品所具备的新产品特征，同样适用本方法。这种思维方式与互联网设计师的思维方式的差异化，往往更能探究出一些有趣的创新型产品。

▲ 信件

　　服务设计师梳理的旅程图服务设计的替换法应用，是源于其基于用户旅程图的断点寻找法。服务设计师需要把服务梳理成旅程图，并从用户的情感体验角度，对旅程中的所有情感体验不良的地方，进行服务上的再设计，这一过程称为对服务断点的寻找过程。

　　而针对每个服务断点的优化设计，实际上就是我们所说的服务系统替换。我们可以从这个角度重新看一下前文中所说到的案例，传统共享单车服务模式中的断点，就是其借车和还车地点的不自由，为了解决这个断点，现在的共享单车模式利用不限停车点的服务系统替换站点系统，从而提升了使用旅程中的用户体验。

　　产品特征替换主要用于解决已有产品中存在的问题，因为用户在使用中所存在的问题往往是普遍问题，因此大多数情况，可以通过参考其他领域或其他产品上对同一个问题的解决方案来扩充我们的想法。例如，在做汽车的人车交互设计时，很多具体方案会参考飞行员和飞机的交互方式。

　　因此，产品特征替换在实际使用中的效果，取决于所检索或选择的用作替换的产品特征是否恰当，如果选择巧妙的话，可以达到事半功倍的效果。因为相较于其他方法，本方法更像是一种两种产品间的嫁接，是一种基于现有产品方案的使用策略而不是无中生有的完全创造性的任务。

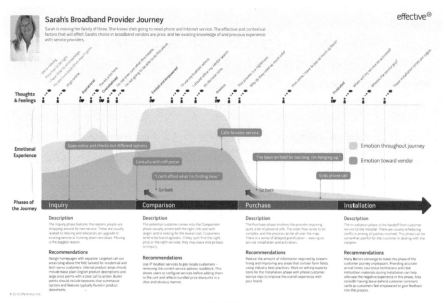

▲ 产品特征

方法实践

　　在这里就产品特征替换方法，以具体的设计案例进行展开，通过对设计流程的回顾，了解此方法的具体使用方式，并通过最终的图形化辅助方法，形成更多的产品创意。本章所提到的产品特征概念，实际上就是前两章中介绍的"问题＋方法＋场景"三者的组合。

　　以挤压果酱的设计流程为例，首先，需要对某件产品的产品特征进行拆解，拆解过程中，如果有困难，可以按照产品特征分类方法进行辅助思考，从使用形式、功能主体、产品形态、服务系统四个方面分别进行研究。

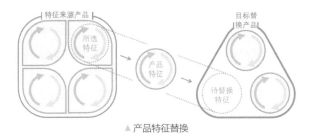

▲ 产品特征替换

　　拆解后可以清晰地看到这件产品的组成方式，并且可以快速地找到其可为我们所用的产品特征。至此，我们完成了产品特征替换法的分析阶段。接着，进入设计阶段，利用归纳的可用产品特征，去替换其他产品中的部分产品特征，从而优化被替换产品，或通过替换形成新产品，完成创意阶段。

▲ 替换实例

具体落实到挤压果酱的设计案例，可以将它归纳为如上页下图所示的设计流程。第一步，确定能够被替换的产品 A 即牙膏及其膏状物挤出的使用形式。下一步，基于牙膏的使用形式，寻找可以被替换的产品，其他需要被挤出使用的膏状物产品，在此例中，设计师选择果酱作为被替换的产品。

至此，一个优秀的产品创意已经形成，下一步是对这个创意方案进一步打磨和优化。例如，设计师发现了牙膏挤出的杜形和果酱所需要的面状涂抹不同，于是将果酱的管口设计为扁平形，从而能将果酱均匀涂抹至面包上。

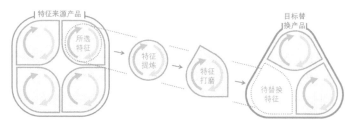

▲ 优化的设计流程

项目往往是面向某个产品进行改良优化的设计，不会因为某个独特的使用形式而对产品进行大幅度改动。因此，相对于从某一个特征出发的设计，在实际项目中，我们往往要从某一件产品出发，通过为这件产品寻找待替换特征，来完成新产品的创意，上图即为这一类项目的设计流程。某些产品的痛点，就可以被定义为待替换特征，通过为待替换特征寻找可用特征，在组合的过程中我们会得到大量的产品创意。下面以另一个具体的案例来说明此方法的使用流程。

这个案例的特征替换来自设计师龚华超在笔记本电脑使用过程中的痛点。他发现笔记本电脑的数字键盘一般都如下图所示，呈一条直线排在键盘顶部,这样的布局导致数字键盘的输入效率低，从而间接地影响了工作和学习效率。

▲ 笔记本电脑的数字键盘一般呈一字形排布

　　显然，这类痛点最直接的解决手段就是寻找可替换的使用形式。用户在输入数字的时候，都会采用如下图所示的排布方式，一般称为九宫格排布。无论是独立的数字键盘还是 APP 上的软键盘，或者是键盘旁附加的小型数字键盘，都采取这一输入布局。

▲ 各类数字键盘排布

因此，设计师需要做的就是通过创意，把这一使用形式替换到现有的笔记本电脑中，即下图中所示的设计思路。但是，如何进行替换，才是设计环节中最考验设计师功底的环节。

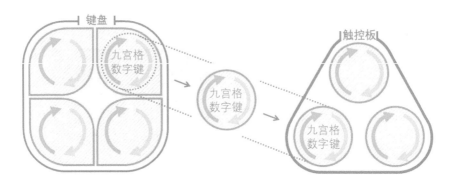

▲ 数字键盘替换的设计思路

设计师龚华超选择了一个非常巧妙的载体——触控板，通过一张轻巧的贴膜，将触控板划分为不同区域，通过区域对应不同数字，从而将触控板变成一个可以按需启动的小键盘，将九宫格键盘的适用形式成功地替换掉了笔记本电脑原有的一字形的数字键盘排布方式。根据测算，使用Nums 的输入速度是使用普通键盘的 2.3 倍，并且可以减少用户 66% 的手指移动距离，极大地增加了输入效率。

▲ Nums触控板上的小键盘

　　由于 Nums 本身是一个基于软件的键盘排布方案，因此在理论上，按键的排布可以按照用户的需求扩展定义。基于九宫格输入和触控板的方案所具备的使用形式特征，Nums 还设计了一个快捷启动的功能，用来替换用户在桌面和任务栏寻找应用图标的任务。通过这样的设计，用户只需要把经常使用的应用，定位在数字按键中的某一个位置，即可像输入数字一样，通过轻轻地点击触控板，打开一个应用。在替换这一使用形式之前，用户需要在开始菜单或桌面中的众多图标里，寻找到某个特定应用。从这一案例可以看出，Nums 通过使用形式的替换，在多个维度上提升了用户使用笔记本电脑时的输入效率。

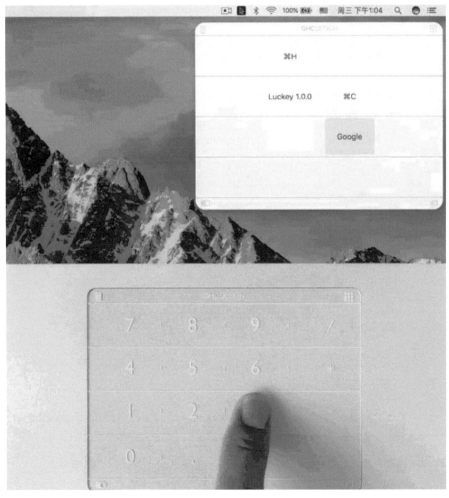

▲ 快捷访问功能

我从未接受妥协，但我愿意接受约束。(I have never been forced to accept compromises but I have willingly accepted constraints.)

——查尔斯·伊姆斯 (Charles Eames)

产品∩特定场景

接受约束

我从未接受妥协，但我愿意接受约束。（I have never been forced to
accept compromises but I have willingly accepted constraints.）

——查尔斯·伊姆斯 (Charles Eames)

　　创意设计在初学者看来是一种不受限的设计，尽可能地让思维发散，从而产生意想不到的创
意。就像我们会用头脑风暴这样的词来形容创新，大多数的创意如同风暴一般无法控制。

　　西方谚语常用 Don't reinventing the wheel（要重新发明轮子），来告诫思维过于发散以至
无视一些应当尊重约束条件的人。

▲ 重新发明的方形车轮的自行车

　　我们在寻求创意的过程中，必须尊重任何一个设计中前人所做的思考，并接受这些作品自身的约束条件，在一定的范围内进行创新。就像设计一辆自行车，一定要接受轮子必须是圆形等诸多的限制，在这些限制的基础上进行创新。无视限制，过于天马行空的创意，就像这个方形的车轮，虽然某种意义上达到了创新，但这样的创意却毫无意义。

　　这个例子也被应用在企业发展和知识管理领域，麦肯锡公司将这句谚语加以应用，形成了著名的麦肯锡卓越工作方法。它是这样描述的，"无论遇到什么样的问题，你都要坚信，总有什么人在什么地方遇到过类似的问题。"秉承着这一理念，在麦肯锡公司内部，每个咨询顾问在一个项目开始之前都会搜寻麦肯锡公司内部的业务发展数据库。这是一个积累了数十年的研究策略、行业与客户背景信息、项目研究案例及方法论的知识管理体系。咨询顾问通过检索前人在相同或相似问题上所采用的方案，来总结归纳可能存在的约束条件，从而更好地解决当前项目中的问题。这样的做法，也表现了麦肯锡对约束条件的接受和恰当利用。

　　方形的轮子只是一个极端的例子，其实在现实生活中，在约束下产生的设计十分常见，它们几乎遍布在我们生活中的每个角落。例如，每个人日常在手机、平板电脑、笔记本电脑、甚至 VR 设备上都会接触到的键盘，它的背后也有着一段被各种因素约束着的发展历史。

　　今天说到的键盘，在大多数人脑海中是被我们称为 QWERTY 的键盘。如下图所示，键盘上的字母从左上角起依次为 QWERTY，键盘也因此而得名。

▲ 苹果公司的QWERTY键盘

  相信每个能够熟练使用这款键盘的人，都曾经历过背诵键盘键位的过程。可以确定的是，这样的键位排布方式绝对不是最好的。QWERTY 键盘的发明人 Sholes 本人都不相信 QWERTY 是最好的方案，在他的余生中，他一直致力于发明更好的替代方案。但是这样一个不完美的设计能够沿用至今，其背后一定有着充足的理由和非常多的约束。在这里，我们来一起回顾一下它的发展历程。

  QWERTY 键盘最早出现在 1874 年，首次应用在 Sholes and Glidden 打字机上。下图是第一台配备了 QWERTY 键位排布方式的打字机。更早的打字机采用的并非这样的排布，它们大多是按照字母顺序，将字母依次排布在按键上的。然而，键盘发展史上的第一次约束就此出现。随着打字员输入速度的提高，如果键盘上相邻的两个按键，需要连续按下的时候，如字母 A 和字母 B 经常同时连续出现在单词中，那么键盘中的机械结构就会互相卡在一起，从而产生机械故障。为了解决这一问题，QWERTY 键盘将常用的组合字母，分散在键盘中，从而避免了机械结构之间的互相干涉。虽然这样的键位排布增加了人们的学习成本，但是由于机械结构自身的约束过强，因此不得不对这个约束做出让步，也就产生了键盘发展中第一次为约束让步。

▲ Sholes and Glidden打字机

　　显然，QWERTY 键盘的设计缺陷，一定会引起许多设计师去寻求方法，解决问题。其中，如下图所示，Dvorak 博士在 20 世纪 30 年代开发了 Dvorak 简化键盘，通过更改按键排布方式，让更常用的按键位于手指自然放置的位置，从而提高输入速度。

　　理论上，支持 QWERTY 存在的原有约束条件已经不存在了，键盘已经被电子化，再也不会出现机械结构卡顿的现象。但是，这个时候，新的约束出现了。QWERTY 键盘已经存在了 60 年，得到了社会的广泛接受，据统计，1930 年已经有数百万人在使用 QWERTY 键盘。因此，键盘的设计再次为约束让步，这一次是社会认知上的约束。按照经济学原理中的"路径依赖"原则，首先进入市场的标准可能变得根深蒂固，并且即使是有缺陷的标准也可以仅仅因为它们已经建立起的基础而持续存在。

▲ Dvorak简化键盘

随着多点触摸和大屏触摸的出现，键盘革命的新机会到来了，完全基于软件的软键盘摆脱了更多的约束条件。于是，我们看到了很多新的设计方案，它们都以问题解决者的身份出现，每个都身怀绝技。Write-O 键盘提出了更加适合小屏，单手持握状态下的键位排布；Swype 滑动手势输入键盘基于 QWERTY 键盘的排布，提出了滑动的输入方式，从而省去了用户不停敲击手机屏幕的麻烦。

我们依旧可以确定，在软键盘的设计上，QWERTY 键盘占据着绝对优势。想要重新设计一个键盘，面临了越来越多的约束，其中包括用户学习成本的约束、设备通用性的约束等。以至于到今天，重新设计键盘这个命题已经像重新设计轮子一样困难。

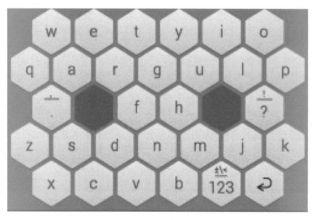

▲ Write-O键盘

▲ Swype滑动手势输入键盘

　　但值得关注的是，随着 VR 的出现，当用户再也无法找到一个平面，去延续 QWERTY 键盘使用体验的时候，或许键盘才能迎来等待已久的革命。不过，谷歌在它的 VR 项目"Daydream（白日梦）"中所发布的键盘设计方案，依旧采用了一个空间中悬浮着的 QWERTY 键盘，可以通过手柄或双手悬空打字对键盘进行输入操作。

　　在这里，列出了一些接受约束、但不妥协的设计师们，在这一百多年中，为键盘提出的方案。其中每个都饱含创意，并且有些键盘，还巧妙地突破了一些约束，并得到了不错的销量。例如，速记键盘，通过对特定人群的限定，突破了学习成本的约束，因为速记员可以为了提高输入速度接受新的按键排布；游戏键盘，通过对特定任务的限定，满足了游戏爱好者独特的键位排布需求；添加了鼠标功能的键盘，如 ThinkPad 键盘上的"小红帽"设计和柔性可折叠的键盘，对移动场景进行了限定，从而利用不同方式减少了键盘与鼠标的体积，满足了移动办公场景下的便携性需求等。

　　键盘的故事告诉我们，在设计过程中，一定要尊重约束，不要以创新为借口去打破原本合理的存在。但是，也不能因为约束过度限制创意的发散，除将约束看作限制，还可以将它视为设计中的机会。如在上面列出的诸多键盘的设计方案中，都是通过主动寻找约束条件，并将其用作对产品的限定，创造出一个个新的创意点。

▲ 谷歌Daydream VR键盘

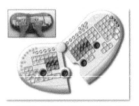

abKey常用字母放大键
盘

Ant-keyboard 人体工
学键盘

BeeRaider环形按键键盘

Dvorak键盘

FrogPad 单手迷你键盘

Google Daydream VR键盘
键盘

Optimus Aux OLED屏
幕键盘

orbiTouch无按键键盘

PCD Maltron单手桌面
键盘

Thanko冷却键盘

Vensmile K8柔性键盘

Wolf King Warrior游戏键盘

Bloomberg Trackball轨迹
球键盘

Combimouse鼠标结合键盘

DataHand速记键盘

Grippity 1.0背面输入键
盘

i.Tech激光投影键盘

iGrip手持键盘

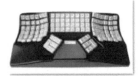

PCD Maltron人体工学
键盘

Rainbow Keyboard学生键盘

Swype滑动手势输入键
盘

Write-O 手机软键盘

柔宇薄膜键盘

手势输入键盘

▲ 创造性的键盘设计

　　这里提到的约束条件，就是对产品的一种特征的限定，也是本章希望传达的核心内容——限定条件。本章的方法就是通过寻找巧妙的限定条件产生创意。这些限定条件本身也是约束的一种，但是，我们可以认为它是良性的约束，因为这些约束可以帮助设计师更好地定位产品功能，洞察用户需求，了解应用场景。如果设计师需要接受约束，那么被接受的约束就应该是限定条件这类的良性约束。

　　在真实的设计中，设计师往往在项目之初，就面临着大量的约束，这些约束可能来自甲方的要求、市场的反馈、加工工艺、时间的规划等。因此，大多数设计师就会开始不知所措，甚至认为过多的限制影响了创意的发挥。

　　但是，作为一个成熟的设计师，应该认识到，约束并不是创意的敌人，反而是寻求创意时的得力帮手，将约束对设计的限制，转化为一种正向的、良性的影响。正如 IDEO 总裁 Tim Brown 所说，没有约束就不可能有设计，而且最佳的设计——精密医学器械或为灾民提供的紧急避难所，通常都是在极其苛刻的约束下设计出来的。

　　无印良品就是一个典型的接受约束，并在约束中寻求创意突破的品牌。从无印良品的产品可以看出，它不仅把约束作为设计的一种辅助手段，甚至把约束转化成了它的设计风格，任何一件产品中透露出的风格都是一种对消费、欲望的约束。正如其创始人原研哉说的那样，"我的设计概念是删除多余的东西，不需要多余的东西让设计变得复杂。"

　　相对于前面三章所述的创意的无限发散，在本章，我们会把注意力放到创意的收敛上，通过考虑设计的诸多限定条件，提炼出真正有意义的产品创意。

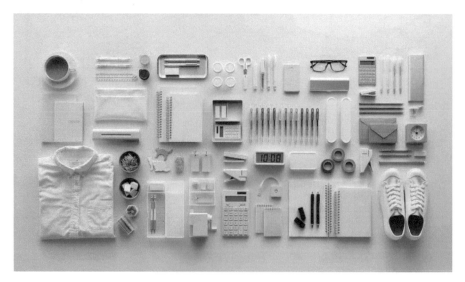

▲ 无印良品对创意极其克制的产品设计

利用特定场景，洞察产品机会

在真实的设计中，限定条件往往会来自诸多方面，例如，成本的限制、时间的限制、某个流行趋势的出现等，都有可能影响并左右你的设计方案。设计师需要通过丰富的经验，对各类问题巧妙地随机应变，协调设计项目中各方的关系，从而在限制中产生创意。

　　本章初始，就一直在强调约束可以带来创意，那么究竟约束的是什么？其实就是前文中一直强调的，也是贯穿本书始终的场景。通过约束，找到特定的场景，从而对该特定场景下的产品产生约束，并由约束激发出进一步的产品创意，我们可以称这一过程为洞察产品机会。

　　要想通过限定场景，来洞察产品机会，得到产品创意，就要先理清产品与场景之间的关系。前文中的场景始终是包含在产品中的，然而这只是在产品研发和设计阶段中，大家心中理想的产品使用情景。但是，在真正的使用中会发现，很多预先设定好的场景，并不能够完全满足用户对场景的需求。

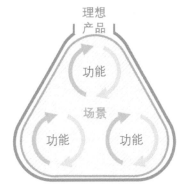
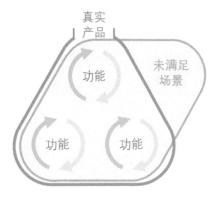

▲ 使用场景分析

　　这种场景往往都是一些极端场景，比如一个信息网站中地图的配色设计，可能会为了对信息进行清晰的区分和呈现，和选用多种颜色。但是这对于色盲人群来说，却可能是一场灾难。因此，色盲人群阅读信息的极端场景，就使得设计者发现了在产品规划初期很难洞察到的场景。而当设计者认真对待这类看似是约束的场景时，往往能够出现意想不到的创新。

　　本章的创意方法正是来自对这种对未被满足场景的洞察，当我们在将产品投入使用后，就会发现，并非所有场景下的用户对产品的需求都可以满足，现有产品无法满足的场景一旦出现，那么用户对产品的新需求也会伴随出现，我们就洞察到了一个非常有价值的产品机会。

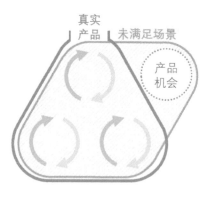

▲ 产品机会的洞察

　　本章介绍的核心方法，就是寻找特定的场景，对产品预想的场景进行扩展。当产品无法满足特定场景下的需求时，就一定程度上地发现了一个有价值的产品机会。

　　具体，可以参考如下案例，当题目是设计一款水杯时，想要让设计方案给人眼前一亮的感觉是相当困难的。因为水杯在人们的生活中出现了很长时间，大家对它的形态、功能、人机功效等方面已经进行了无数的尝试。大多数的场景下，都可以找到满足其特定需求的水杯。因此，为了寻求一些创意，可以选择一个具有较大限制的场景进行突破，例如，盲人用的水杯。从这个出发点进行发散，通过细心的观察发现，盲人在使用水杯的时候，存在一个痛点就是无法判断水杯内有多少水，这样会使盲人在倒水的时候非常不方便。为了解决这一问题，盲人基本都会采用将拇指的一部分伸入杯子，按住杯内侧壁，从而在杯内水位上涨的时候，手指可以通过触摸感知到杯内水的情况。但是，这种方法也会遇到问题，就是接热水，不能用手指触摸，该如何解决？到这里，已经利用特定场景，洞察到一个非常典型的产品机会，即现在的水杯无法满足盲人独自接热水的需求。

▲ 盲人水杯产品机会的洞察

　　针对这个问题，Buoy Cup 提出了一个解决方案。这款水杯在杯子把手处设有一个漂浮杠杆，当杯内水位到达一定程高时，杯内的浮漂会上浮，从而撬动杠杆，让杠杆的杯外部分触及握住把手的大拇指，从而让盲人获知杯内的水已经足够高。这样的设计既贴心又视角独特，同时也方便了在接水时喜欢走神的视力正常的人。

　　通过上述的例子，已经充分地讲解了如何通过特定条件洞察产品机会，为什么约束反倒是一种对创意的激发。在日常的设计工作中，设计师能找到一个消费者的需求，而这个需求恰巧没有任何一件产品可以满足的情况几乎是不存在的。套用一个商业领域的常用词汇——红海来描绘这种现象，即大多数的产品创意都是处于红海中的，红海代表的是已知的市场空间，即已经被大量现有产品占据了的市场。显而易见，在红海中单纯依靠设计或创造力的产品很难脱颖而出，就像前面提到的，如果只单纯地设计一款杯子，在今天是很难创造出突破性产品的。因此，应该采取一个更加成熟的创新方法，即洞察产品机会。洞察产品机会，就是去寻找与红海相对应的蓝海，即没有被发掘的市场空缺。寻找蓝海的方法，就是通过寻找一些有条件限制和约束的特定场景，来帮助设计师在现有的市场中，寻找蓝海市场，从而洞察到产品机会，产生创意。

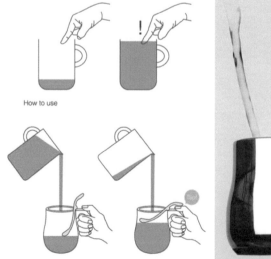

▲ Buoy Cup

限定要素，寻求特定场景

在明确了特定的场景可以帮助洞察产品机会后，我们需要进一步讨论如何
找到这样的特定场景。因此，本节我们将对场景进行深度解读。

前文中，在很多方法中都提到过场景，在直观感受上可以基本理解场景所代表的含义，但仍
需要更为系统化的表达，才便于我们寻找特定场景。到目前为止，我们描绘场景的时候，实际上
只是在进行一个抽象化的表述。例如，在第二章 1+1>2 的方法中，提到过在阅读场景下，将书架
与台灯两件产品进行结合的设计方法。显然，即使我们都能明白阅读所代表的是哪类场景，但是
仅仅用阅读两个字来描述一个场景却过于抽象和概括。例如，在地铁上用手机进行阅读和在书桌
前用纸质书籍进行阅读，就是两个截然不同的阅读场景。因此，在对特定场景进行定义的时候，
为了更加精确、全面且没有歧义，需要对场景的各个方面进行具体且充分的表述。

在这里，我们认为，场景应该是由诸多场景要素组合而成的。因此，只要对某个场景中所包
含的场景要素进行完整表达，那么就可以认为，这个场景得到了具体且充分的表述。

这里所提到的场景要素，最早是由 David Benyon 在他的专著《Designing Interactive
Systems: People, Activities, Contexts, Technologies》中提出的。每个场景都是一个对产品功能、
使用环境、用户角色等多种要素的综合描述，这也就意味着，即使是同一件产品，也会拥有许多
不同的场景。这就是本章设计方法的出发点，通过场景的变化，为产品创造不同的限定条件，从
而产生产品创意，洞察到产品机会。

场景要素是一个场景的组成部分，这里，我们认为场景是由人 (People)、活动 (Activities)、
环境 (Contexts)、功能 (Functions) 四个场景要素组成的。

下图是对场景要素更加具象的表述。一个场景，描述的是一个怎样的人在怎样的环境，由怎样的技术、功能或产品，完成了一个怎样的活动。可以看到，四个要素在场景中互相作用，从而共同构建了一个完整的场景。例如，人与功能之间的关系可以是使用与被使用，也可以是购买关系等。当人拥有了可用功能，就意味着要去完成某项活动，这个时候，人与功能就形成了一个整体，去共同完成任务。在人和功能共同完成任务的同时，这个整体也会与环境之间产生相互影响，例如，人要通过具有文本输入功能的设备，完成打字活动，那么在地铁中打字还是在办公桌上打字，就会对人所完成的活动产生影响。同样，人所完成的活动也会对环境造成影响，例如，人在用一次性餐具用完餐后，餐具和残羹冷炙就会对环境产生污染。

将这些要素能相互产生作用的部分，按照序号标注在下图上，可以发现，一个场景中共有三大相互作用关系。设计在其中可以做到的，就是对场景中各要素之间的相互作用关系进行优化，例如：

如何通过设计更好地帮助人获得或使用产品功能；

如何让人通过产品的使用，更好地完成活动；

如何让人在使用产品完成活动的过程中，更好地与环境产生互动。

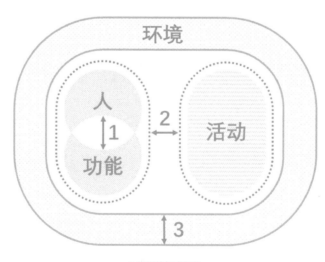

▲ 场景的组成部分

　　刚刚提到的是各场景要素之间的静态关系，为了能更好地产生创意和洞察产品机会，还需要对场景要素之间的动态作用进行了解。四个场景要素之间存在一种循环的动态关系，人在某个环境中进行或有意图进行活动的时候，会产生对功能的需求。同时，产品功能的不断完善与创新，也为人能更好地完成活动提供机会，这个循环会通过设计者的不断优化持续下去。人的需求，会不断催生新的产品功能，新的产品功能同样也在为多样化的活动提供更多可能。

　　因此，在设计过程中，设计师希望通过对人、环境、活动、功能四个场景要素的限定，去寻求能够促进循环，并且优化场景中各要素之间相互关系的需求或机会。显然，由这些限定要素所组成的场景就是我们希望找到的特定场景，因为，无论是对循环还是对场景要素关系的促进和优化，都会为我们的设计带来更多的创意。

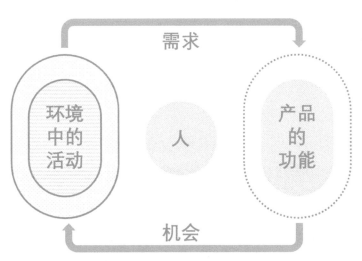

▲ 场景要素中的用户需求与产品机会的关系

场景要素详解

本章的设计方法是通过对场景要素的限定，得到特定场景，从而通过特定
场景，寻找到对应的产品创意或产品机会。本节将从如何限定场景要素，
并通过罗列具体的可供限定的要素种类及案例，帮助大家更好地掌握这个
方法。

在场景中任何一个场景要素受到一定的约束后，都会产生一个特定的场景，从而创造一个产
品的限定条件。举一个简单的例子，同样的一款 ATM 机，不同的人使用就会存在不同的问题，这
就是一个典型的特定场景的定义。通过改变场景中人这一要素，限定出不同的场景，针对这些场
景发现新的问题并进行设计。

我们的目的是，利用对这些场景要素的限定，寻找产品机会。为了快速得到大量的限定条件，
将依次分析每个场景要素所包含的内容，从而有针对性地寻求限定。

▲ 不同的人具有不同的ATM机使用场景

场景要素 1——人

（1）生理特征

生理特征是最明显的特征，例如，经常在设计中使用的人机工效学，就是为了更好地适应人的生理特征而产生的，包括性别、年龄、身高、身体机能等诸多方面。上页图中所示的 ATM 机的使用场景的差异，就来自人的生理特征差异。这个维度是最基础的，应该是生活中每件产品都需要考量的基本因素。例如，任何一个公共场所的设施，都需要考虑由于成人与儿童的身高差异而产生的场景差异，如男性卫生间的小便池、电梯的按键、门把手等，都要达到老幼皆宜的设计。

（2）特殊需求

除了上面提到的一些普遍的人类生理特征差异，还要考虑一些由于特殊情况而造成的特殊生理特征产生的需求，例如，失明、色盲、失聪等残障人士，或者是老年人、婴幼儿等不具备完全行动能力，需要用特殊需求进行定义的人群。之所以需要进行特殊定义，是因为这类人群在完成活动的时候，由于自身行动力的限制，会更加依赖产品功能。为有特殊需求的人群进行通用设计，是一件非常有社会责任感的事情，同时也十分考验设计者的设计能力。从盲人水杯的例子中，可以看到，热水提醒功能并非水杯上的必备功能，但是，在盲人的使用场景下，它却是补全整个场景的关键环节。

（3）认知特征

认知特征包括人的注意力水平和持续时间，如记忆力、学习能力、注意力等特征。例如，人在对数字的临时记忆力上存在较大认知差异，因此在设计一些验证码的时候，就需要尽量保证数字的个数在大多数人可以记忆的范围内，显然，相对于一串电话号一样长的数组而言，四个数字组成的验证码更加符合大多数人的认知特征。

我们再通过一个与设计更加贴近的例子来对认知特征进行讲解，即地图软件的界面设计。每个人都见过下页图中的两个不同界面的地图，为什么同样的地图，需要用不同的视觉语言来表述呢？原因是人的认知特征变化，产生了场景变化，从而针对不同场景，设计师提出了不同的界面设计方案。左侧的地图，更加适合在路线选择的场景下使用，它着重强调了整体路线，以及路线中具体的时间、距离等内容，是一个适合陈述静态信息的界面。而右侧的地图，则更多地强调的是动态信息，满足在驾驶或行进场景下的信息需求，例如，多少米后转弯，抵达目的地还需要多长时间等。与生理特征不同，人的认知特征会在短时间内发生变化，因此，需要对认知产生的场景变化进行关注。

▲ 地图软件的不同视觉语言

（4）心智模型

人们对事物的理解和掌握的相关知识，一般被称为心智模型，直观表述为用户是否知道这些产品是用来做什么的，以及如何使用。因此，最典型的具有不同心智模型的人，就是新手用户与专家级用户，这种平衡两种心智模型的设计，经常出现在今天的互联网产品中。例如，在针对新手用户的 APP 引导页，其右上角通常会设计一个一键跳过的按键，让专家级用户直接使用，节省时间。

▲ App引导页中的一键跳过

此外，心智模型在设计中的应用远比想象中的要广，例如，在人需要打开门的场景下，就需要通过对心智模型的理解，来对门把手进行设计，从而保证用户在第一眼看到它的时候，就知道打开这扇门是应该推还是拉。下面的设计符合大多数人对推和拉的心智模型，纵置的拉杆代表拉，横置的推杆代表推。然而这样的设计并没有出现在我们身边的每一件产品上，我们依旧会在开门的时候，被门把手的设计搞得不知所措。

（5）文化，人种志（Ethnography）

文化背景的差异体现在许多细节的应用，例如，叉和对勾的标识，在中国、美国等大多数国家依次对应着否定和接受，但是在英国，叉和对勾都可以表示接受，如在投票中，可以通过在人名上标注叉号，来表示为自己支持的人投票。所以在设计的时候就需要考虑因文化差异而产生的歧义或其他可能的影响。人种志是帮助我们理解并在设计中利用文化差异进行设计的良好研究方法，人种志的专业学者经过多年的观察式研究，通过深入生活的方式对文化进行调查。因此，相对于直接调查而言，设计师应该充分利用调查结果，来辅助我们进行设计。

▲ 门的推和拉

场景要素 2——活动

（1）基本内容

基本内容包括目标、任务和行动，通过这三个属性对活动进行主观与客观的表述。其中，目标是指人完成活动的动机和希望达到的效果，任务是为达成目标需要经过的路径，而行动是在进行任务时产生的具体行为。这是在对活动要素进行限制的时候，需要确定的内容，可以利用观察、用户访谈等多种方法完善内容。如果以用软件打车这一活动为例的话，用户的目的是找到一辆可以将用户运送至某地的车辆，不限制车辆运营性质（专车、快车、出租车）。为了达到这个目的，用户需要在平台发布用车需求及相关信息，例如，确认上车地点、确认路线，以及付费等一系列连贯的任务，在完成这些任务时，用户需要在打车软件上进行所有相关信息的设置和上传。

对活动基本内容的梳理，可以有效地帮助我们从一个时间与空间兼具的完整视角，得到用户在整个场景下的应用需求的客观表述。目标、任务、行动共同构成了一个完整的用户模型，基于此模型，可以构建出用户旅程图、服务蓝图、用户角色画像等。这些设计工具，可以帮助设计师更加高效地寻求用户需求的有效解决方案，以及与其他设计师或项目中的甲方进行直观沟通。

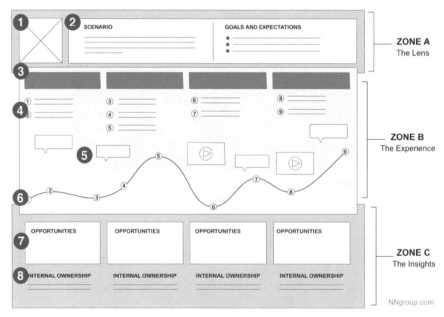

▲ 用户旅程图

A区：其中，（1）角色（"谁"）；（2）要明确的场景（"什么"）来为用户旅程图提供前提条件。

B区：核心是将用户旅程可视化。其中，（3）用户旅程的阶段；（4）用户行为；（5）用户想法；（6）用户的情感体验，可以通过用户表达的原话和图片、视频等记录来表达。

C区：主要描述洞察和痛点，会根据项目具体差异而有所不同。其中，（7）未来的机会；（8）内部职责。

(2) 频次及持续时间

　　任务是定期发生还是偶然发生也会对场景产生极大的限定。例如，频繁发生的任务会利于记忆，可以采用相对复杂的设计，不常见的任务需要简易的操作和较低的学习成本。此外，频次还有其他方面的限定，诸如频繁的任务也需要一定程度上的效率提升，用于节约用户的时间。例如，用指纹解锁手机就属于高频任务，不需要用户过多思考就可以很快学会和习惯。在频次中需要尤其注意的是工作的高峰和低谷，例如火车的运载能力是恒定的，但是在春运期间，利用火车出行的需求会有阶跃式的提高，从而导致运载力严重不足。但是如果以峰值作为设计目标的话，又会导致日常的运载力过剩。因此，活动的频次需要在某些特定的设计中，得到重点关注。

　　关于任务还有另一个描述维度，即持续时间。长持续时间的任务需要考虑疲劳等因素，例如，在冰箱上设计一个触屏并要求用户长时间使用，就是一个不明智的选择。像冰箱这类持续时间较短的应用场景，如下图所示的影音娱乐、菜谱、购物三大系统，都不符合这一场景下的用户需求，相信在设计过程中并未考虑场景的持续时间。

▲ 智能冰箱的影音娱乐系统

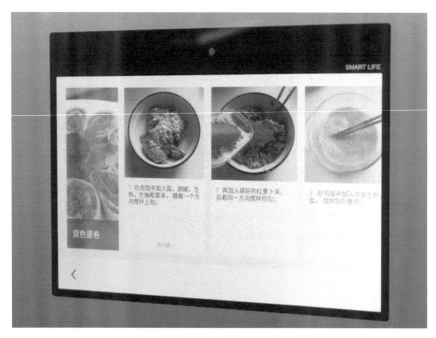

▲ 智能冰箱的菜谱系统

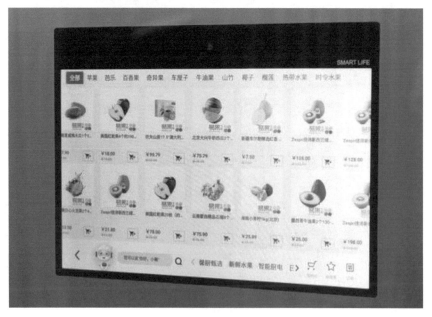

▲ 智能冰箱的购物系统

（3）显示交互任务与隐式交互任务

在智能交互系统中，人与智能设备之间的关系错综复杂，以至于当人想要通过智能设备完成某个任务时，会面临多种场景的限定条件。很显然，通过一台能够利用语音直接操作的智能音箱查询天气和通过一台计算机查询天气已经成了两项截然不同的任务，也就对应着不同的限定条件。

生活中最习以为常的，类似这种通过计算机查询天气的任务，为了完成这个任务，需要开启计算机，在浏览器中输入城市、日期等关键信息，从而获得对应的天气情况。在这种交互中，计算机是完全被动的，计算机与人之间的界面互动是通过显示器完整地展现的，这样的任务一般被称为显示交互任务。

设想在未来，你会拥有一面人工智能镜子，它通过记录你的生活习惯，了解到你在每天离开家门前会查询天气情况。于是，在没有收到任何来自你的指令的情况下，它独自在后台查询当天的天气状况，并主动将信息显示在界面上，以便你在需要的时候能够快速看到。这便是与显示交互任务对应的隐式交互任务。

此外，当将计算机的主动与被动意识和交互界面的前台与后台定义为坐标的两轴时，会发现，除了显示交互与隐式交互，还有另外的两个象限，机器主动式的前台交互和机器被动式的后台交互。前者是经常遇到的提升信息等，例如，当手机处于低电量状态时，它会主动发出一个前台提示信息，用来告知用户手机当前处于低电量状态。而被动的后台交互任务，则是我们今天要强调的许多良好用户体验的交互任务要必须考虑的内容。比如，在听筒模式下播放微信语音时，如果把手机远离耳部，则手机会被动地执行一个在后台进行的操作，即把听筒播放转为音频外放模式，从而保证用户可以继续听到语音播报内容。这样的交互，就是我们当前科技发展水平下所追求的自然交互任务。

我们一定要在设计中遵守不同交互任务下的不同限制条件，无论是主动还是被动、抑或是前台、后台。

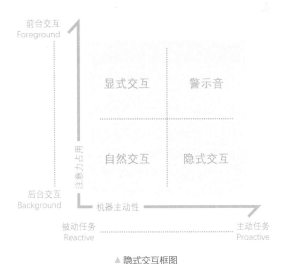

▲ 隐式交互框图

Implicit Interaction Framework

（4）独立任务与并行任务

多任务的并行任务和单一任务的操作，会影响交互界面设计、交互接口设计等诸多方面。例如，下图中所示的 Microsoft WritLarge 智能白板，在对智能笔进行交互设计时，就重点分析了在多任务场景下，用户左右手同时执行两个不同任务时的交互场景。考虑到用户在书写时的自然状态，是一只手移动纸张，一只手进行书写的。因此为了保证交互的自然性，Microsoft WritLarge 智能白板允许用户一只手通过触摸屏幕进行一些任务，同时，另一只握持智能笔的手也可以进行书写任务，从而创造了自然且高效的多任务并行的交互体验及场景。显然，在多任务场景下产生的交互设计方案与普通智能笔的交互设计具有极大的差异。

▲ Microsoft WritLarge智能白板

（5）连续或中断的活动

活动的连续性一定程度上与环境中的上下文有关，因此需要考虑用户进行的是一个独立的活动还是一个与前后紧密相关的活动。例如，前文所述的"比萨刀 + 比萨铲"的设计，就是通过观察用户活动的连续性得出的设计方案。因此，在针对连续性场景进行设计的时候，需要更多地考虑如何通过设计，将两个产品更加顺畅地关联在一起。而当设计中断了活动时，则应该尽量保证其不影响前后场景。例如，手机的使用就是一个对连续性要求很高的场景，用户一定希望在整个场景的活动中不被打断。那么，类似支付等会造成现有活动中断的活动，就需要对其进行限定。应该限定这个支付活动能够不需要页面跳转、无须启动应用、支付的加载速度快等因素，从而保证中断的活动也能具有良好体验。这里列举的 Apple Pay 广告就是在传达，它们的支付功能不会对用户使用手机的活动产生过度中断的优势。

▲ Apple Pay广告

(6) 应对错误

最后，需要强调的是，在设计的过程中一定无法保证，任何一个用户的每一次使用都可以万无一失。因此，一定要在用户进行了错误的活动后，给予足够醒目的标识，用于传达给用户系统的报错信息。还需要有足够明确的指导，帮助用户纠正错误活动，并学习正确的活动方法以达成目的。

例如，当你在一个账号申请页面，点击立即注册后，如果始终无法通过，并且重复弹出无法提交的错误信息时，你一定十分抓狂。因为你并不知道究竟是什么原因导致它无法进入下一个页面。但是，如果将错误提示标识在密码旁边，并注明密码格式错误无法提交后，你的心情一定会稍微舒畅一些，但依旧没有解决的方法。因为，只有错误信息还不够，你需要知道如何输入正确信息。因此，最佳的应对错误方式，应该是不仅标识出错误信息及错误理由，还应将如何修正错误清楚地写在一旁。

▲ 错误提示

场景要素 3——环境

（1）物理环境

嘈杂、寒冷、潮湿、肮脏、高压、危险材料、光照充足等都属于物理环境的范畴。例如，下图中所示的物理环境，属于自然灾害的场景。在水灾环境下，通过担架对伤员进行救助，显然会为救生员造成困扰。因为水位的高度和波动可能会对担架上的待救助人员造成不利。因此，场景中物理环境的限制使设计师产生了新的创意，在担架下方增加一个可以在水面漂浮的气垫，从而创造出符合这一场景限定条件的产品创意。

（2）社会环境

社会环境包括沟通渠道、结构、集权、民主、扁平化管理、家庭等。社会环境往往对设计创意的影响和限制并不直接，更多的是决策者在进行项目规划，或者产业落地的时候，需要考虑的内容。但是，其依旧是一个非常重要的思考维度。例如，公共空间就是一个典型的社会环境议题，不同的社会环境对公共空间也存在不同要求。简单来说，在韩国，大家在公共环境中需要保持安静，在公交车上大声说话也被视为不礼貌的行为，那么手机的提示音就要设计得尽可能不要打扰他人；而在中国，大家对公共场合的追求是一种繁荣、热闹的景象，在聚餐的时候，大部分人会以较大的声音交流来表达喜悦的情绪，那么手机提示音就要设计得足够突出，才能在嘈杂环境中达到提示效果。

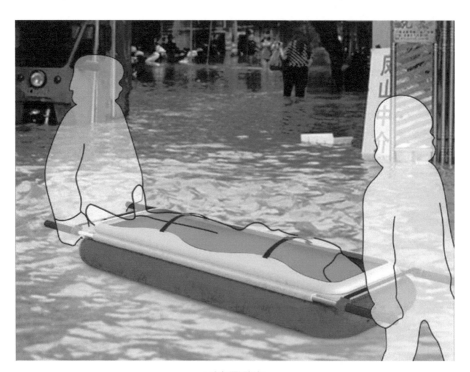

▲ 充气漂浮担架

　　如下图所示的公共候车亭，是一个典型的在社会环境影响下的设计，它不仅是一个设计方案，更是一次社会化的活动。这个公共候车亭坐落在奥地利布雷根茨沃尔德区 (Bregenzerwald) 的小城镇克伦巴赫 (Krumbach)，该镇的文化协会邀请了来自中国、俄罗斯、智利、挪威、西班牙、比利时和日本的 7 位建筑师，为镇上 1000 名左右的居民设计公交站台。作为回报，该镇为他们提供的是在克伦巴赫的度假之旅，而不是钱。

　　在奥地利，即使是最热闹的奥地利首都维也纳也仅有 170 多万的人口，并且历史、文化等诸多与社会环境相关的因素决定了奥地利人对艺术有着极高的追求。因此，在项目的运行和设计中，考虑到其社会背景，就得出了如下图所示的，造型夸张，并且只有三张椅子的公共候车亭。试想一下，如果同样的设计出现在中国，恐怕连最基本的候车功能都难以实现。

　　除下图中的这个站台，此次活动还建设了其他 6 个风格各异，但功能类似的公共候车亭。从另一个维度来理解这个案例，会发现社会环境除对设计的创意有直接影响外，更多的可能是对设计在整个社会中的角色带来的影响。

▲ 奥地利克伦巴赫公共候车亭

（3）组织环境

组织环境包括与客户、其他员工的关系，对工作实践和工作内容的影响，角色、技术支持、权力结构等。借用一个比较广为人知的概念来表述组织环境和其他环境的区别，那就是其他环境更关注生产力相关的改变，而组织环境关注的是生产关系的变化。例如，自动驾驶汽车，除技术相关因素外，它主要面对的场景大多是与组织环境相关的，包括如何通过法律来认定自动驾驶汽车与驾驶员的责任与义务，如何处理自动驾驶汽车与大多数司机或以司机为职业的人之间的关系等。

例如，按照北京自动驾驶新规定的要求，所有申请自动驾驶试验牌照的自动驾驶汽车，须通过 5 000 公里以上的封闭测试场地的日常训练和相应等级的能力评估。包括对交通法规的遵守能力、自动驾驶执行能力、紧急情况下人工接管能力等，只有达到了一定能力水平，通过了车辆安全技术检验才能上路测试。

对于参与测试的驾驶员也有相应的要求，自动驾驶的测试驾驶员须通过不少于 50 小时的培训和训练，能随时接管自动驾驶车辆。上路前，须通过专家的评估论证；上路后，测试车辆要安装监管设施并上传数据，以确保自动驾驶车辆按规定时间、规定路段进行试验，并随时接受监督。

由此，可以看到组织环境会对人、场地、规则等诸多事项产生影响。

▲ 自动驾驶路测牌照

（4）瞬时环境

瞬时环境是指时间、地点、周边人物等随着时间变化而变化的环境，除在活动发生的一刹那以外，这个环境是不存在的。在设计中，瞬时环境因素并不像描述得如此难以定义。设计师可以通过考虑全部与时间相关的要素，来确定一个场景下的瞬时环境。

例如，一些突发性状况就具有瞬时环境的特征，车辆突发的交通事故就属于典型的瞬时环境条件下的限定。如下图中的沃尔沃就专门针对车辆与行人的碰撞进行了设计，车辆会预先感知到即将或已经碰撞行人，从而弹出车外的安全气囊，防止行人因撞击至车辆玻璃而产生二次伤害。

▲沃尔沃车外安全气囊专利

（5）上下文环境

在当前场景下的前一刻和后一刻都发生了什么，将会直接影响当前场景下的设计。在活动中提到过，两个连续的场景可以通过产品进行连接，从而达到更加顺畅的场景衔接。在环境要素中，同样存在上下文的关系。例如，一个人在健身后从健身房到超市的环境变化；和一个人从办公室到超市的环境变化，可能存在不同的产品需求。因此在连续的场景中，需要设计师较为全面地关注多个场景要素。

例如，考虑到大多数来健身房锻炼的人，都是注重健康希望保持良好身形的，因此一些健身餐厅就开在健身房附近，就是考虑了上下文环境。

场景要素 4——功能

（1）物理属性

物理属性指产品自身包含的物理特性赋予的功能，例如，刀具的刃使得它可以切割物体等。根据物理属性所决定的功能，设计的产品，往往是在互联网时代前大批量出现的。在那个时期，大多数的产品功能都是由物体自身的物理属性赋予的。

不过近年来的生产工艺、材料科技的发展也在为基于物理属性的功能，提供着更多的创意空间。如下图中的柔性材料餐具，在基本的产品形态上并没有巨大突破，但是因为物理属性的变化，把质地由硬变为软，就产生了一系列优秀的创新功能。如下图中所示的，可以帮助导流，可以保护碗内食品不被倒出，可以封口后摇匀碗内沙拉，等等。

▲ 柔软的餐具

（2）信息属性

信息属性是与前面的物理属性相对应的新的功能特性。在互联网革命后，虚拟信息具备了更多的应用价值，使它能成为更多功能的载体。具体包括，物体对信息的承载能力，即以何种方式将信息传递给用户，例如，耳机可以传递听觉信号，屏幕可以传递视觉信号等。还包括信息的传输方式，有线连接、无线连接、蓝牙连接等诸多通信方式，在一定程度上对产品的形态进行了限制，例如，在 AR 眼镜的设计中，需要连接计算机作为其处理器的 AR 眼镜和通过云计算服务获取运算能力的 AR 眼镜，肯定具有很大设计上的差异。

信息属性的本质其实还是内容，不过与消费者直观上理解的内容不同，这里定义的内容，是通过计算机的语言来表述的，它所指的是系统中的数据和它所采用的形式。基于此本质，设计师希望通过内容达到的目标应该是准确的、相关性强的、表述得当的、易于检索和获得的，并且数据与形式之间的关系是平衡的。

而信息属性对产品的限制也非常直接，如电影的信息属性决定了其在内容的呈现方面很难具有突破性创新。一个好的电影，就需要把首要精力放在内容上，也就是剧本、镜头语言、演员演技等方面。

这里需要专门强调的一点是，信息属性不一定需要产品自身具有运算能力，无源（不需要电）的信息载体同样可以为产品赋予信息属性。例如，商品包装上的条形码，虽然只是一个普通的印刷品，但是它所包含的信息属性，是可以赋予产品信息载体能力的。

可口可乐与圣保罗的奥美公司，就通过对条形码的设计，在巴西的大型连锁超市推出了一个名为 Happy Beep 的推广活动。通过对条形码信息的定制和超市扫码终端中程序的修改，让收银机在识别到可口可乐产品的条形码的时候，可以发出一段哔哔的旋律，通过生活中的小惊喜，为消费者带来更多欢乐。

▲ 可口可乐的音乐条形码——Happy Beep

（3）获取方式

功能的获取可以说是商品设计中最重要的环节，无论多么优秀的功能，都需要一个有效的获取方式，让消费者能够在恰当的场景下使用，并辅助其顺利完成活动。

互联网的发展使我们在日常生活中的功能获取，正在以轻资产、重使用，轻产品、重服务的趋势，悄然地发生着变化。曾经，如果想要喝一杯卡布奇诺咖啡，需要拥有一台咖啡机、咖啡豆、电源、鲜牛奶、奶泡机、咖啡杯等许多承担着不同功能的实体产品。而今天，只需要找到一家星巴克，就可以解决所有问题。这个就是由资产到使用的转变，消费不再是为了购买某个东西，是为了满足某一时期的使用需求。而由产品到服务的转变，更是体现在生活的许多方面。今天，甚至都不用亲自去星巴克，只需要一个 APP，十分钟左右，即可得到一杯送到门口的咖啡，这就是功能获取方式的转变。

今天的设计师，需要习惯性地以功能、体验、服务为出发点，去满足消费者的功能需求。而不再是，一定要设计出某一件实实在在的产品，因为越来越多的产品会为生活带来更多的困扰。例如，消费者对出行的预期，只是希望能从出发地抵达目的地，公共交通是最佳方案。但是，我们习惯性地一定要卖给消费者一辆汽车，而为了这辆汽车可以跑起来，又创造了 4S 店、加油站、汽车保险、高速公路等配套设施。消费者为了能够正常使用这辆汽车，需要学习驾驶、在驾驶前保证良好的睡眠和充沛的精神、禁止饮酒、禁止服用某些药品，驾驶过程中还要时刻提高注意力，承担着很高的安全风险。而这一切，其实就像前面说到的咖啡机到星巴克的转变，消费者需要的不是这些资产，他们需要的只是一个简单的出行服务。

▲ 从购买产品到购买服务

（4）互动形式

互动形式，指的是用户与产品之间的使用与被使用关系的具体实现方法。可以把它理解为，用户如何将他希望传达的信息输入给产品，这并不仅仅是狭义上的用鼠标或触摸屏进行输入的含义。例如，当用户希望将一件衬衫丢进洗衣机，启动无皱清洗的时候，同样需要输入。此外前文说到的门把手的使用，也可以被认为是一种输入方式。随着科学技术的发展，输入的变化使互动形式具有更多的可能性。曾经想要完成输入，大多数情况是直接考虑开关、按钮。但是现在，随着多种传感器的出现，气压、声音、震动、红外线、加速度传感器等可以全方位地对存在性、运动、方向、物体距离、位置、触摸、实现、手势、用户身份等信息进行有效识别和理解。

与输入对应的，是产品功能的输出，而输出的方式很大程度上也会对产品的设计产生机会或限制。例如，VR、AR 的出现，无疑创造了许多物理设备无法提供的界面，但触觉反馈模拟的困难，又为它们创造了许多限制。在互动的输出设计中，一般认为，输出是一种对五感的设计，即设计师需要考虑如何将一个信息经由视觉、听觉、触觉、嗅觉、味觉提供的综合感受，传达给用户。

（5）功能载体

如同前面在获取方式中提到的，在体验经济时代，一个功能的载体可以不只是某件产品。它可以是一个软件、一项服务、一段经历。但是，无论创造的产品获取方式多么先进，能够提供的体验多么吸引人，作为设计师，还是要时刻牢记，我们依旧处于商品经济时代，终极目标仍然是创造消费。体验是无法被直接销售的，消费者能购买的，终归还是一件商品。

成功的公司提供的用户体验，没有一个是真正免费的，免费体验只是一个用来更好地吸引用户的手段，与传统的广告、市场推广并无区别，目的，绝对不仅仅是服务好用户，而是通过体验，来创造更多盈利的机会。

就像百度在提供免费搜索服务的同时，会通过检索结果排名、广告植入、流量转化等方式，创造利润。

互联网思维所带来的，是一种对于商品载体的改变，而不是直接把商品变成体验。因此，在设计中，始终要牢记，时刻为我们发现的产品机会，寻找良好的载体，从而保证企业的正常营收。

方法实践

从一个特定场景出发，以一个案例来回顾本章所讲的创意过程。以前文提到的盲人的日常使用来划定特定场景，选择一个更加困难的产品——手机，来进行产品的创意发散。本节的创意思路如下图所示，希望通过盲人的特定场景限定找到一些在通用场景下不会存在的需求，从而产生产品创意。

首先，由于特定场景往往就意味着需求是小众化的，因此，需要先针对特定场景进行市场规模调查，从而确定产品设计方案能够具有足够大的市场空间，确保产品有足够多的目标用户基数。

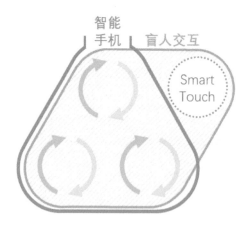

▲ 盲人手机设计思路

　　根据 2016 年中国信息无障碍产品联盟秘书处（CAPA）发布的《中国互联网视障用户基本情况报告》，中国有 1300 万视障人士。受调查的视障用户中，有 92% 在使用智能手机，其中有 33% 的视障者在手机上安装了 11~20 个应用程序。因此，可以得出初步结论，这一特定场景的需求是有提出新方案的价值的。

　　于是，从盲人在使用智能手机时的需求和现有解决方案的不足出发，找到创新点。以受认可度较广的 IOS 系统提供的 VoiceOver 功能为例，它是以朗读屏幕内容并配合如下图所示的手势的方式，保证盲人对智能触屏手机的正常使用。

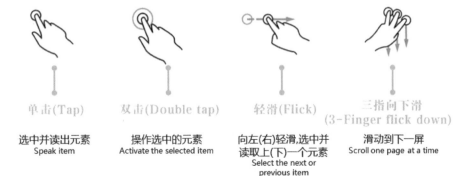

单击(Tap)

选中并读出元素
Speak item

双击(Double tap)

操作选中的元素
Activate the selected item

轻滑(Flick)

向左(右)轻滑,选中并
读取上(下)一个元素
Select the next or
previous item

三指向下滑
(3-Finger flick down)

滑动到下一屏
Scroll one page at a time

▲ iPhone的Voice Over无障碍服务

通过访谈我们发现，尽管各大厂商都提供或支持一些面向盲人使用智能手机的无障碍服务，但在日常使用中依旧困难重重。一方面，从产品本身来讲，对于主要靠触觉反馈来与身边事物进行互动的盲人，触摸屏的产品形态本身就不是对盲人友好的设计。

"在不同的应用界面上，要去记不同的功能控件的位置。经过长时间的熟悉，也许能够一下找准；不熟悉的，总要不断尝试才能找到，或者只能左右滑动顺序浏览去找，费时费力。

"读屏软件只是有什么读什么，不能帮助我们更好地使用手机。在无法完成任务的时候，不知道界面上发生了什么。还远远不够。"

"盲人使用手机时主要采用的姿势为一只手握持手机，将扬声器贴近耳朵，听取语音反馈，用另一只手摸索屏幕。只能等双手都空出来才能再使用手机。"

以上三条内容是来自盲人在使用智能手机时对痛点的亲口表述。

此外，手机的移动场景，也使嘈杂的周边环境经常影响到盲人听取手机读屏的内容。另一方面，各大公司的网站、APP 都是主要面向无视力障碍的人设计的，因此一些图片认证码、弹幕、弹窗广告等都对盲人听取手机屏幕上的信息产生了极大的干扰。

因此，通过一系列研究，可以得出结论，盲人需要一个可以提供触觉反馈，并且提升现有的触觉和音频的多模式交互体验的产品创意。

针对这一系列的问题，清华大学人机交互媒体实验室的研究生王若琳等，联合阿里巴巴提出了一个 Smart Touch 盲人智能手机交互系统，它通过一个价格为 1 元左右的贴片，为盲人提供了具有触觉反馈的智能手机交互界面。

盲人在日常生活中使用智能手机困难重重

▲ 盲人在无障碍服务下依旧具有诸多使用困难

专门开发的盲键，乍一看并不引人注意。这些低调的小按键却支持着一些高频的功能，如返回首页、语音搜索等。"就算对页面不是很熟悉时也完全没有关系，右上角的按键能一键唤醒语音搜索，不用再去搜索框摸索了。""还有一键加入购物车，确认订单等，都很方便，节约了时间成本。"

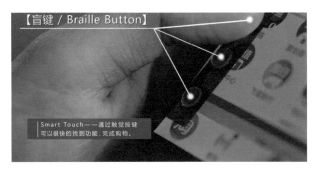

▲ Smart Touch的触摸盲键

此外，他们综合先前的调查结果，提出界面语意理解和耳朵交互等一系列解决方案，全方位提升了盲人在使用智能触屏手机时的体验。通过实验发现，Smart Touch 提供的无障碍交互方式，使盲人在使用智能手机购物的时候与先前相比，可以节省 50% 以上的时间。未来，他们希望能够联合阿里巴巴，将 Smart Touch 通过线上或线下免费地发放，让这套系统得到广泛应用，从而真正惠及盲人用户。

总之，场景的限定条件，绝对无法通过某个理论体系去进行完整的表述，并且随着时间的推移，它们也是在不断变化的，设计师可以在经验的积累与设计的命题中慢慢寻找和总结。但是，当拿到一个棘手的项目或陌生的挑战时，为了保证高效地得到创造性的方案，设计师可以按照前文所述的场景各个要素中的组成部分选择限定条件，创造一个独特的选题，拓展思路，激发创意，洞察产品机会。

▲ Smart Touch的系统架构

在商业之前，用途是优良设计的统一标准。

——艾利奥特·诺伊斯（ELIOT NOYES）

← | 扩展产品功能 | →

有计划的商品废止

如果设计对生态是负责任的，那么它也是革命的。所有国家的经济都建立在我们必须多买、多消费、多浪费、多丢弃的假设之上。如果要为生态负责任，设计师必须是独立的，他不必关心国民生产总值。（If design is ecologically responsive, then it is also revolutionary. All systems - private capitalist, state socialist, and mixed economies are built on the assumption that we must buy more, consume more, waste more, throw away more, and consequently destroy Life-raft Earth. If design is to be ecologically responsible, it must be independent of concern for the gross national product.）

——维克多·帕帕奈克 (Victor Joseph Papanek)

这段话是设计哲学家维克多·帕帕奈克在他的著作《为真实的世界设计》提出的，值得注意的是这本书出版于 1970 年，在大半个世纪后的今天，我们依旧在消费、浪费、丢弃、再次消费的循环中往复着。为什么会不停地更新换代电子产品，即使它的功能自始至终就没有太大变化；为什么所有媒体都在告诉我们，衣服款式已经过时，是时候用这个月的工资买一批新装让自己保持在时尚的最前沿；为什么地下挖出的亮晶晶的"小石头"，会被认为是爱情的象征，并且以上万乃至上百万的价格出售……诸如此类的问题，在我们身边还有很多，这些都可以从帕帕奈克的书中找到答案。我们今天所处的社会，任何人都无法摆脱这样的循环，因为从 20 世纪 20 年代起到今天，企业始终以有计划的商品废止引导着我们的消费，而我们中的大多数却完全没有丝毫感受，且乐在其中。

有计划的商品废止最早源于美国通用汽车公司，1924 年，美国的汽车设计到了一个转折点，当时的美国汽车市场达到了饱和状态。为了保持销量，通用汽车公司负责人 Alfred P. Sloan Jr. 与设计师 Harley Earl 共同讨论，决定每年进行车型设计变更，以说服车主每年需要购买新款产品。尽管大多数反对者，将这个策略称为有计划的商品废止（Planned Obsolescence）。但它的创建者，却认为这是一种将形式追随功能，转换为设计追随商业的一种设计的进步，他们更喜欢用动态过时（Dynamic Obsolescence）来描述他们的策略。

人们一般把 1923 年的雪佛兰高级系列 B 认为是这个新策略下的第一件代表产品。它通过全新设计的外观，配合广告宣传，包装了一个 9 年前的技术，并且成功地推入市场，得到了良好的反馈。自此之后，通用汽车更是逐年推出这种所谓的新产品来刺激市场的购买欲望，并增强其与竞争品牌之间的竞争力。

在 1932 年，一位犹太裔美国房地产经纪人 Bernard London 在他的论文中这样描述，"通过有计划的产品淘汰来结束经济的大萧条"。其实质是鼓励政府对消费品的淘汰设立相关法律规定，以刺激和延续消费。

在 1954 年，这一理念终于通过美国工业设计师 Brooks Stevens 推广至产业界，并得以广泛应用。Brooks Stevens 在明尼阿波利斯的一次广告会议上发表演讲，以计划废止这个词作为演讲标题。从那时起，计划废止成了 Brooks Stevens 的口号，他所宣传的是"卖家需要向买家灌输想要拥有更新、更好、更快的东西的愿望。"

▲ 1923 Chevrolet Superior Series B

在商业利益的驱使下，有计划的商品废止已经成了一个极为完整的理论系统。我们每天几乎所有的消费，都绕不开企业通过诸多手段的诱导。如今的计划废止，包含如下手段。

（1）功能型废止

通过技术的进步，在新产品中添加更多吸引人的功能，从而让先前的产品被自然淘汰。例如，智能家居产品就是通过增加远程控制、自动启动等新型功能，让消费者在已有家居产品还未损坏的情况下，产生购买欲望。

（2）感知型废止

通过不断发布新潮流、新款式、流行色等，让消费者因为先前的产品看起来已经过时，而不得不购买新款。服装产业就是典型的感知型废止，和生产力极其不足的过去相比，今天的消费者已经很难把衣服穿破了再去购买新的衣服，更多的是为了追求当季新款而产生的消费需求。

（3）质量型废止

通过对产品或产品零部件的使用年限进行限定，来减少产品的使用寿命，从而促进更换。例如，空调的压缩机、冷凝器等重要元器件很少损坏，可是氟利昂的使用寿命却是可以计算的。生活中绝大多数损坏的产品，都是因为某一两个零部件的损坏导致的，很多消费者往往会因此，购买一个全新的产品，而不是单独进行维修。

（4）管控废止

例如，惠普曾在喷墨打印机的墨盒上设定有效期，当打印机识别到墨盒已经过期时，即使墨水依旧可用，但打印机也不会进行喷涂。

（5）系统式废止

苹果公司是体验经济时代下，执行有计划商品废止的代表，它不再通过简单的外观变化，来促进消费者的购买。而是利用软件的更新去限制老款硬件的使用体验，来鼓动消费者。为了更好地体验，消费者不得不放弃手中才用了一年，与最新款 iPhone 几乎并无差别的老款 iPhone，来购买新款手机。这便是最新的废止手段系统式废止，即通过操作系统的控制，故意使产品变得难用，即使产品的硬件还足够支持新型操作系统，但也要通过软件处理，让老款手机中的操作系统变得更加难用，从而刺激消费者对新款硬件的购买欲望。下页上图是 iPhone 十年内的更新迭代，从交互系统到手机硬件上，可以说并无重大变化，只是不停地通过微创新，提升产品体验，而手机的销量却每年保持增长，这足以显示苹果公司在废止制度上的周密设计。

▲ 10年内iPhone的产品更新

企业的商业系统企图把我们变得浪费，债务缠身，永远得不到满足。（the systematic attempt of business to make us wasteful, debt-ridden, permanently discontented individuals.）

——万斯·帕卡德 (Vance Packard)《废物制造者》*The Waste Makers*

上面的话引用自评论家万斯·帕卡德在 1960 年发表的《废物制造者》，呼吁大家客观地对待产品的有计划的过时，真正地按需消费。值得高兴的是，即使无法通过少数人的呼声，改良这一策略所带来的污染、浪费等问题，但是，依旧可以看到有人在为此不懈的努力。

在 2015 年，作为针对整个欧盟有计划的商品废止运动的一部分，法国已通过立法，要求家电制造商和供应商在销售的时候，公开宣布其产品的预期寿命，并告知消费者零配件的备件周期。从 2016 年起，家电制造商必须在最初购买之日起两年内免费维修或更换任何有缺陷的产品。这一政策有效地保证了两年的强制性保修，从而一定程度上缓解了因为计划废止制度带来的不利因素。

产品生命周期延长

在商业之前，用途是优良设计的统一标准。

——艾利奥特·诺伊斯（ELIOT NOYES）

虽然设计师们的声音，无法让商业改变其追求利润的本质，但诸如帕帕奈克这些具有社会责任感的设计师们，始终坚持着用善意的设计维护着人与环境之间的和谐关系。

为了对抗通用汽车以每年换代的策略执行着有计划的商品废止，欧洲汽车厂商必须让自己 7 年左右才进行换代的车辆依旧具有竞争力。这样的商业模式与美国的消费、浪费、再消费形成了鲜明的对比。欧洲设计师们摸索出一套通过产品生命周期延长，来帮助企业获利的与环境更加友好的商业模式。

奔驰设计师 Bruno Sacco 提出了横向同质性原则（Horizontal Homogeneity）和纵向亲和性原则（Vertical Affinity）。横向同质性原则是为了保证品牌的识别度，要求制造商在最小车型和最大车型的样式设计上，必须保持着足够强的视觉关联。而纵向亲和性则是专门针对计划废止制度提出的，它要求新一代产品推出后，不可以淘汰老款的风格，需要保持着一定的一致性。Bruno Sacco 认为每一辆奔驰都必须有足够的品质保障，可以让车主开 20 年。

这样的产品策略，反倒为奔驰创造了品牌溢价，通用车因为不断地更新，贬值速度极快，奔驰由于其纵向亲和性，使得每一辆奔驰都能够长期保值。紧接着，宝马、奥迪、大众也纷纷开始执行这样的设计策略。

在这方面，保时捷 911 可以说做到了极致。我们可以看到，在 1964 年生产的第一台保时捷 911 与今天的保时捷 911 从外观上严格保持着品牌基因的一致性，可以在许多细节处找到前几代的影子。半个多世纪以来，很难看到其为了促进销售，而在外观上做出刻意更改。保时捷 911 的改款并不是造型驱动的，而是基于每一代底盘性能的大幅提升，带来的显著变化而进行更新的。与通用汽车相比，保时捷 911 是不断为消费者提供更加卓越的跑车性能的功能性产品，这和通用汽车在老款底盘上设计新款外壳的战略形成了鲜明对比。

▲ 1964-2012年保时捷各代911对比

　　关于产品生命周期的延长，还有一个生活中更加常见的例子，就是下图中大多数服装标签上都会有的备用纽扣。一般情况下，当衣服上的纽扣脱落时，就会在这件衣服的功能上产生重大影响，从而使其产品生命周期不得不终结。而纽扣的脱落可能发生在很多环节，制衣时没有缝牢、运输中的摩擦、试衣时的剐蹭、穿戴一阵后的损耗等。大多数情况下，脱落了纽扣的衣服都是可以继续穿着的，因此，为了保证服装的继续使用，商家都会在衣服的标签部分，准备好可用来替换的纽扣。这样的设计，在很大程度上减少了衣服的废弃率，从而极大地延长了产品的生命周期。

　　然而，很多设计师看到了仅提供一个纽扣，似乎还不足以解决纽扣脱落的所有问题。因此，为了让更多的衣服可以延长其生命周期，Repristination 提出了一个具有纽扣使用说明的标签，用户可以在其步骤指导下，将纽扣重新缝到衣服上，保证衣服的正常使用。考虑到一些没有针线或裁缝店的临时状况，Clip Button 提出了一个夹子式的备用纽扣，这样不需要任何复杂操作，轻轻一别，就可以保证衣服继续正常使用。

　　从保时捷911和备用扣子的设计，我们可以看到，设计师在延长产品生命周期上所做出的努力。除这两个例子中提到的，还可以通过产品维修、耐用性提升、备份易损部件等多种方式，通过延长产品生命周期来减少浪费。

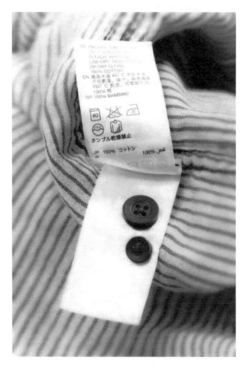

▲ 服装标签上的备用纽扣

We've been through this situation at some points in your life when you accidentally find a broken or missing button on your shirt (T - shirt, sweater...). Then you should have sewn it back to its original position with a spare button, but things always go athwart. First of all, there is no clue to find the exact location of the missing button, and then the new button line after you sewing does not match with the trend structure of the original button line.

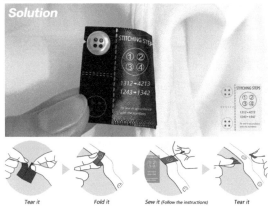

After finish sewing, the center of the button label tags is made up of a dotted line which is easy to tear, and needs to be torn transversely. Furthermore, the distance and the structure of the original button are restored, which make the reparing process simple and efficient. Therefore, the instruction of button usage has the effect of making the best use of everything.

▲ Repristination易缝备用纽扣

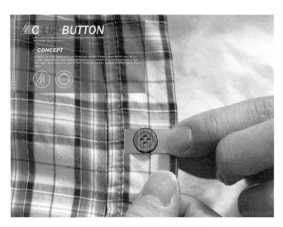

▲ Clip Button夹子式备用纽扣

产品生命周期翘尾

既然设计师可以通过减少浪费，来履行自身的社会责任，那么，就要先明确，浪费来自哪个环节。一般情况下，最大规模的浪费发生在产品生命周期的末尾，即衰退期。下图是一个已经完成的设计，进入量产后产品的标准生命周期的抽象表达，在实际的环境中，生命周期会更加的复杂和多变。产品从研发到生产（未在图中表示），再到推广期、成长期一直到最后的衰退期，完成一个完整的生命周期。衰退期，由于市场需求逐步由高速增长转向平稳，竞争对手的大量引入、生产规模的扩大等，导致这一时期的销量和利润都会开始下跌。而对于希望保持持续发展的企业来说，这是产生二次购买的极佳时期，这意味着这件产品已经不能满足市场需求。因此，对于大多数企业来说，通过手段有意或无意地缩短产品生命周期，就可以让衰退期提前到来，从而在衰退期推出新产品，来促进新一轮的消费，这就是现代商品经济会产生如此多浪费的本质。

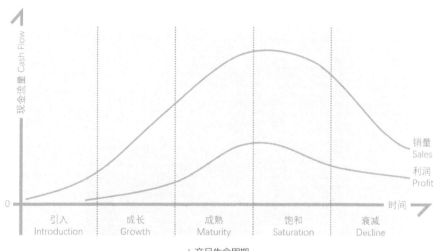

▲ 产品生命周期

　　能影响产品生命周期的因素有很多，例如新功能、新型号、新外观等。企业可以通过控制这些因素，有效地缩短产品的生命周期，从而促进新产品的销售，这就是我们一直所说的有计划的商品废止制度的图形化表达。

　　图中的各个阶段均是从产品上市之后开始的，上市前的阶段为研发阶段，会因产品自身差异而具有不同的人员构成、时间、资源投入等。我们所讲解的大多数设计，是面向研发阶段的设计，设计师需要从生产阶段之前依据消费者的需求来设计一件产品。

　　这里提出一个新的思考角度，让设计参与到产品量产后的环节。通过为产品进行功能添加、升级等方式，让产品在其生命周期末端，产生一个翘尾，从而以另一种方式使产品生命周期得到延长，从而创造出新的商业利益。如下图所示，以改进、添加新功能、增加配件的方式，为商家创造持续获利。同时，由于延长了产品的生命周期，也就一定程度上减少了消耗和浪费。

　　具体的需要通过设计，让产品或产品的配件，在满足用户不断升级、变化的需求的同时，让产品能更长时间地得以使用。例如，下图中改进和新功能的增加，让老款产品延续对消费者的吸引力，从而在保障企业持续获利的情况下，减少了因产品的废弃、过时而产生的浪费。根据这个图形，将这种方法形象地命名为产品生命周期翘尾。

　　能够实现产品生命周期翘尾的方式有很多，下面，用一个具体例子进行讲解。包装作为一次性使用的产品，其生命周期是最为明确的，在消费者开启包装，拿到产品后，其生命周期一般都会结束。因此，可以通过包装再利用设计，让其生命周期在结束前，得到一次延长。这样的设计创意能在环保和可持续方面做出一定的贡献，并且也能一定程度上促进产品的销售。

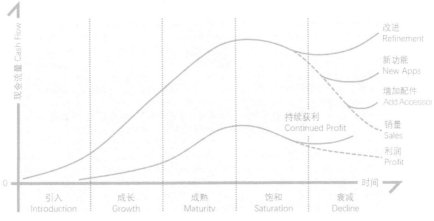

▲ 产品生命周期的翘尾

　　下图中具有丰富功能的可乐瓶——2014 年可口可乐公司与奥美中国开展的快乐重生项目，就是这一思路的典型代表。该项目是可口可乐公司全球可持续项目的一部分，旨在通过创意瓶盖，将饮用完的可口可乐塑料瓶变身成有趣好玩的实用物品，以此鼓励消费者对饮料瓶进行循环利用。

　　快乐重生提供了一组 16 个创新实用的瓶盖，这些瓶盖可以被拧到饮用完的可口可乐空瓶上，瞬间变身为生活中实用、有趣的物品或玩具，例如画笔、喷水枪和铅笔刀等。在宣传视频中，还展示了消费者如何通过这样的创意配件，在生活中得到更多乐趣的诸多场景。

　　究竟是怎样的因素催生了，这样充满着社会责任感的设计呢？可口可乐公司东南亚整合营销传播总监 Leonardo O'Grady 给出了答案——"我们一直都在世界各地寻找更好的解决办法减少塑料使用量，并且增加再循环利用率。'快乐重生'瓶盖的多种趣味用途向我们展示了很多简单实用的创意途径，赋予塑料瓶第二次生命，这与我们全球可持续项目的理念一脉相承。" 从更加面向消费者的角度出发，Leonardo 认为"我们也希望能够为人们带来更多的快乐感受，为世界带来积极的影响。"

▲ "快乐重生（Open Happiness）"项目

　　这个创意背后的设计师，北京奥美执行创意总监赵琦表示，"这些独特瓶盖的创意，简单、聪明，并正在改变消费者的行为习惯和心态。好想法并不一定需要高科技，需要的是创意思维。"从两位的表述中，可以清楚地看到，一个具备社会责任感的设计师应该以怎样的思考方式来对待项目，同时，也看到了创意思维在设计中的重要性。但是可口可乐的设计比较重视宣传，消费者很难真的为了再次使用可乐瓶而购买这些瓶子的配件。下图是一个从实用角度出发的方案，设计师通过红酒包装结构的再设计，让包装在拆解后可以通过再次组合，变成一个酒架，从而让包装的生命周期得到了极大的延长。

▲ 可以变成酒架的红酒包装

产品扩展的思考方向

前面用了很大篇幅来描述商业中如何通过有计划的产品废止来扩大利益，也提到了设计师应该具有社会责任感。并且通过设计的方式，巧妙地在不伤及商家利益的同时，延长产品的生命周期，从而减少浪费，创造环境友好和可持续的产品。

本节，将对前面提到的产品生命周期延长的设计方法进行总结，从而提出一个新的产品创意的衍生方法：扩展产品功能。

我们用方法论对前面所讲的创意进行总结，可以看到如下图所示的设计思路。左图是产品研发环节中的设计思路，通过功能的组合，得到产品创意。并将产品的设计方案，投入生产环节，从而让一件产品的生命周期得以开始。图中把产品新增功能放在产品这个框图的里面，表示设计师的创意会封装到这件产品中，进行研发、生产和销售。右图则是延长产品周期时的设计思路，与前者不同的是，新功能不再与其他功能共同组合，得到一件新产品，而是直接与一件已经具有完整功能的完整产品进行组合，组合后构成一件功能更加丰富的产品，因此称之为扩展产品功能。

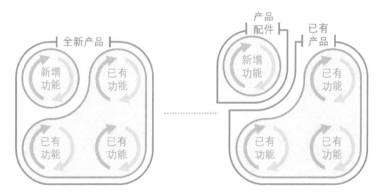

▲ 一般设计思路（左）与利用配件扩展功能的思路（右）

　　用具体例子说明，下图是 HTC VIVE 虚拟现实眼镜，可以让消费者通过设备，感受到一个完全沉浸式的虚拟现实的体验。所有屏幕中的东西，都会以一个立体的形式出现在你的周围，甚至可以感受到完全进入了一个电子游戏世界。

▲ HTC VIVE虚拟显示眼镜

　　这套 VR 设备包括两台红外发射基站、两个具有多种传感器的手柄和一个 VR 头戴显示设备，一个入耳或头戴式的音频设备，它通过将各种新功能进行组合，得到了这件完整的虚拟现实产品，这就是一个标准的通过功能组合得到全新产品的设计思路。

　　我们可以简单地把它抽象为，如右图所示的一个产品模型，它是一件由四个功能进行封装之后组成的完整产品，各功能缺一不可。

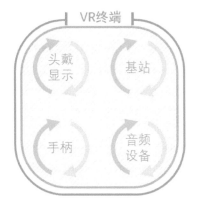

▲ HTC VIVE

与之形成鲜明对比的是，Google 在 2014 年的开发者大会上，发布的 Cardboard 纸盒 VR 眼镜。它只需要通过一个折叠起来的瓦楞纸盒，就可以把任意一台智能手机，变成一部 VR 体验的终端。这就是通过配件，来扩展已有产品功能的思路。显然，这样的纸盒 VR 眼镜也一定程度上扩展了手机的新功能，延长了产品的生命周期。

▲ Google Cardboard 纸盒VR眼镜

如果用图形化对它的设计思路进行表述，可以得到如右图所示的结构，Cardboard 只作为一个完整的手机产品配件存在的，手机不需要 Cardboard 也可以独立实现其自身的功能。经过组合后，可以理解为这是一件新产品的再次表达，它们重新构建了一台 VR 设备。

在具体的执行中，通过创意设计案例的总结，得出了三个可以帮助扩展思路的方向。

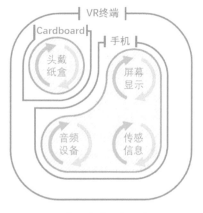

▲ Google Cardboard

（1）废弃物再利用

从前面的案例中不难发现，以可口可乐的创意瓶盖为首的产品生命周期延长的创意设计中，我们可以将其扩展，总结出第一个方向，就是废弃物再利用。废弃物中最常见的应该是废旧塑料瓶。下文中列出了一些通过废弃瓶子衍生出的创意设计，并且把每个设计都按照本文提到的扩展产品功能的方法进行了总结。

如下图所示，设计师通过在木马基座上增加了 23 个水瓶的螺旋孔，让消费者可以通过这种方式，把废旧水瓶回收后再利用，制作成一个儿童木马玩具。一方面通过水瓶的使用，减少了木马的材料消耗；另一方面，不同色彩花纹的水瓶会组成不同的木马外观，从而让用户在使用的同时感受到趣味性。

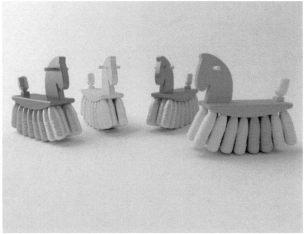

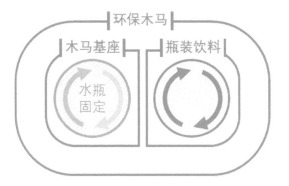

▲ 环保木马（设计：石川）

Petal Drops 是一个兼具装饰性又可以收集雨水的瓶盖，用户可以把许多废旧水瓶收集起来，配合 Petal Drops 放在公园或家庭的草坪中，既美观又可以收集雨水，用于后续的灌溉。

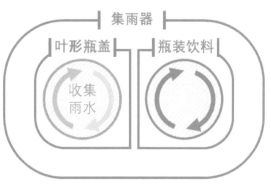

▲ Petal Drops

Hive 便携照明灯，通过一个 LED 瓶盖，把任何一个瓶子都可以变成一盏灯。这个设计主打露营这种对便携性要求高的场景，因此除创意受到欢迎，还得到了不错的市场反馈。

▲ Hive便携照明灯

3D-Reprinter 在废弃物的再利用方面做到了极致，它可以直接将废旧塑料瓶回收后重新作为 3D 打印机的原材料进行使用，从而实现直接的再生。前面提到的所有方案，都可以通过这台机器一次性解决。

▲ 3D-Reprinter

值得开心的是，这个想法没有停留在概念，可口可乐公司曾与 William Adams 合作了一款 EKOCYCLE Cube 3D 打印机，这台机器就是通过把可回收的塑料瓶熔为打印机所用的原材料，进行再生产，打印出新产品。

▲ EKOCYCLE Cube 3D打印机

（2）巧妙借用周边物品

基于废弃物再利用的思路继续扩展可以发现，除需要丢弃的物品，身边还有许多易于获得的物品可以进行利用，借用这些物品可以巧妙地实现创造性的新的产品功能。

我们从一个比较容易想到的案例入手，A4 纸是一个典型的随处可得的周边物品，那么可以通过 A4 纸做些什么？设计师 Mugi Yamamoto 发现传统打印机的结构设计中，占据最大体积的往往是纸箱，因此他通过直接利用堆叠的纸张作为基座的方式，省去了喷墨打印机的纸箱部分的体积。在打印期间，打印机只需直接放在要打印的纸叠上，每页纸张从下方拉入并从设备顶部弹出。每一个堆栈都可以从厚厚一摞，用到最后一张。这样的思路，使得打印机具有高度紧凑、简单和吸引人的设计。与之前的产品配件思路不同，这类借用已有产品的扩展产品并不一定需要与原有产品组合后形成新产品，而是通过将原有产品的功能进行丰富，来优化两件产品的使用体验。

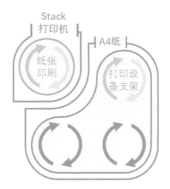

▲ Stack喷墨打印机

Design Ideas 的设计师也曾利用非常类似的思路提出过一个用于抽纸的金属圆环设计 Toro Ring。一般抽纸都需要一个抽纸盒去进行固定，但是 Toro Ring 将一个金属圆环放在纸巾顶部，提出了一个更为优雅的产品方案。

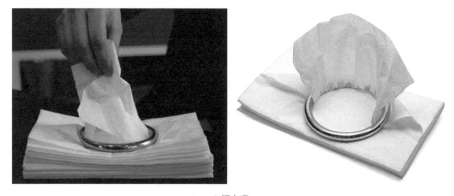

▲ 纸巾环

Design Ideas Toro Ring

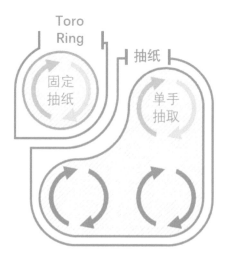

▲ 深泽直人的抽纸环

　　此外，配件还可以通过与产品之间的互动关系，实现某种功能。例如下图机票的设计，通过一个圆形镂空，让用户可以把表盘放在机票中，配合机票上印刷的起飞和登机时间的图标，将时间更加直观地呈现给用户。

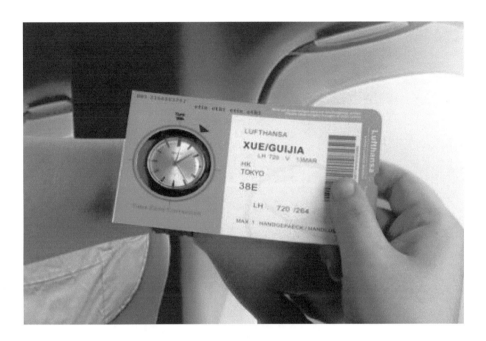

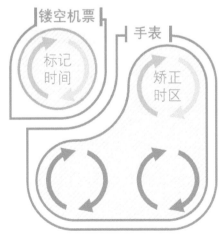

▲ 有起飞时间提示的机票

　　前面两个例子中的周边事物都是人造物品，同样，我们也可以借助自然界中的事物来进行扩展，从而得到产品或实现功能。风、光线、植物这些看似难以利用的事物，也可以被应用到设计中，例如帆船、风车、风力发电机，都是通过对身边自然事物的利用，实现的功能扩展。

　　下图中的 TRAVERSE 便携旅行手杖就是对周边物品的巧妙借用，旅行途中利用树枝来辅助攀爬是登山者们的智慧，设计师将这种智慧发扬光大，通过一个可以连接树枝使其变成手杖的握柄，减轻了登山者在携带手杖时的负担，实现了对植物的功能扩展。

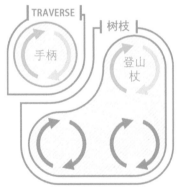

▲ TRAVERSE

下图中的电影票的创意，通过对电影院中光线的利用，让观众可以在电影院的场景下，通过屏幕透过的光线，清晰地看到座位编码，解决了电影院中光线昏暗，观众无法看清票面信息的问题。

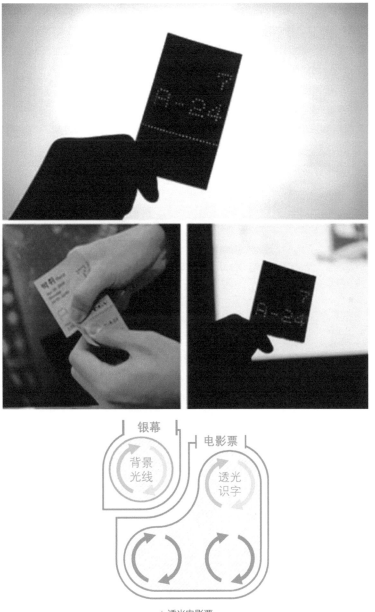

▲ 透光电影票

（3）现有产品功能升级

前面的两个思路都是面向相对廉价的物品的再利用，无论是免费的自然界中的事物还是低成本的废弃物品。那么日常生活中一些高价值的产品，是否也具有功能扩展的潜在价值呢？

随着智能化的普及，许多传统的电器无法实现远程控制。于是，用户会在这些功能已经不足以满足他们需求的产品坏掉之前，将它们更新换代。这就是典型的现有产品功能升级背后的驱动力，面向这种需求，一些设计师提出了扩展原有产品功能的配件。就像小米智能开关文案中描述的，通过这样的配件让普通家电变得智能。用户把家电插在智能插座上，远程控制智能插座的供电，间接地控制非智能家电，实现其功能的扩展。

此外，针对一些移动便携类电器，也有其他的参考设计方案。Tethercell 设计了一款可以通过蓝牙远程控制电压、电池开关的电池，从而实现对一些小件电器的远程控制。

▲ 小米智能插座

总之，前面所说的方式，都是设计师以产品策略直接地与有计划的商品废止等对人类发展和环境有所不利的制度进行的对抗。然而，事实上人类与环境之间的问题远不止我们描述的，食物短缺、人口过度增长、工业污染、资源过度采集等，还有许多更宏观的难以通过设计来解决的人类与自然之间的矛盾。

为了缓解这个矛盾，一方面，要做到在商业设计中，在保持企业合理盈利的同时，尽可能少地执行诸如有计划的商品废止这样过于强调利益而产生多方面不良影响的方案。

另一方面，设计师的社会责任不是单方面的自我感动，要避免产生序言中提到的旋转木马水车这样的方案，而是用好的方法解决对的问题，让消费者在感叹你为环境、社会、人类等上层建筑思考的同时，也要为你的创意买单。

希望设计师能够利用本章所提到的方法，通过创造性的方案，以设计为手段，在产品的生产、消费、使用、回收等环节中减少消耗、减少浪费、减少污染。尽可能多地在商业设计中，提出一些可持续设计，废弃物再利用，延长使用寿命的方案。

▲ Tethercell蓝牙电池

扩展功能方法实践

在进行扩展产品功能的创意时，选择一个好的产品作为载体，那么这个设计往往就已经成功了一半。从前文中可以看到，需要通过扩展来提高易用性的产品，往往都是非智能的，并且很少更换的。

▲ ROLI Songmaker Kit

在生活中可以看到很多这类产品，如一台性能依旧良好，但外观明显陈旧的车；一个运行稍有卡顿，但依旧可以使用各类应用的老款智能手机；一架音质纯粹，用料考究，保养精心的钢琴。

我们选择其中一个典型的代表——钢琴，作为本节案例进行讲解。钢琴之所以是今天所看到的的形态，完全取决于它在演奏时所需要的物理结构，因此，演奏者不得不把大量的精力用在熟悉按键的位置，并且快速准确地将音节弹奏出来，形成曲调。演奏者弹奏钢琴，就相当于纺织女工在织布机前劳动，只是钢琴的演奏更具技术含量，更加优雅，带给人无限的美的享受。但是在今天，音乐的制作、播放、演奏，不再只能通过如此复杂、体积庞大的乐器才能完成，乐器可以轻巧到如上页图中的 ROLI Songmaker Kit。

因此，需要寻找一个方法，来解决现在钢琴所面临的问题。通过调查钢琴的演奏者、钢琴的培训机构、琴行，我们发现，钢琴在音乐领域的地位是无法被替代的。一方面原因是钢琴依旧有着大量的使用者和学习者，并且始终不断增多，另一方面是钢琴本身的音质依旧有电子模拟的音乐无法替代的效果。或许，这样的一个现状，恰巧是一个能够通过电子化的配件，来扩展钢琴的功能，从而优化从学习到创作再到演奏的使用体验。

我们采取了更进一步的调研，对钢琴体验有待提升的问题进行了定义，从深度访谈中发现，在演奏者的整个使用过程，痛点最多的是学习阶段。于是，就得到了如下图所示的设计思路，通过配件，来提升钢琴在演奏学习过程中的使用体验。

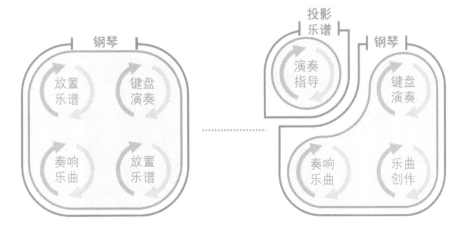

▲ 设计思路

　　在早期，钢琴的学习者往往会因为对乐谱不甚熟悉，很难将一段曲子连贯地演奏下来。如果每位学习者都把大量的精力用在识谱上，那么多少会减弱演奏本身带来的乐趣。因此，设计了一个投影乐谱，通过激光投影，将演奏者需要敲击的琴键标注出来，引导他们一边演奏一边学习，从而带来一个全新的学习体验。

▲ 通过投影来进行演奏教学

　　更进一步的，既然要提供完整的演奏学习体验，那么还有一个必须要解决的问题，如何把现有的纸质乐谱转换成电子的教学指导。设计了一个折叠机构，让用户将乐谱展平后，把它作为一个手持扫描仪，将现有的纸质乐谱收录进去，转换成投影，进行教学指导，从而形成一个完整的使用体验闭环。

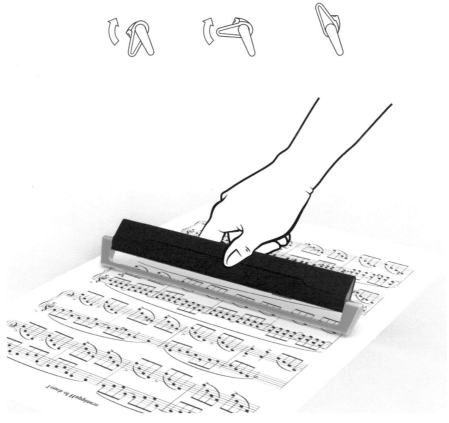

▲ 乐谱转换

拥有迷人外表的产品，使用起来也往往更加顺手。

——《设计心理学3：情感设计》

感官体验←语意→主观感受

创造情感化体验

在唐纳德·诺曼的《设计心理学》系列书籍的指导下，产品设计师普遍认为能够接触到反思层的产品是更具竞争力的。诺曼认为其背后的原因是接触到反思层的产品所创造的情感化体验，与传统产品单纯对可用性的追求相比，对消费者而言更具吸引力。因此，为了增加产品竞争力，今天的设计师和企业家们，开始格外重视产品中的体验设计。

由产品引发的情感体验可以来自很多层面，例如，一段经历或记忆、使用产品时的感官体验、知识性的理解等。但是，当以体验的好坏评价设计的时候会发现，与传统的以可用性指标评价的功能性产品相比，很难为体验找到一个一以贯之的衡量标准。尽管体验难以用客观标准进行表达，好的体验却是可以得到大家一致认可的，如星巴克能以它公认的良好体验持续吸引大批的忠实消费者。

尽管体验难以衡量，但它依旧是可以被感官化的。例如，回忆一下在星巴克购买一杯咖啡的经历，工作人员会耐心地推荐适合你口味的饮品，按照你的要求调整咖啡的口味、温度、糖分等，做出一杯专享咖啡，在把它交到你手上之前，还会在杯子上贴心地写上祝福的话语。店面还会提供适合各种场合的座位，有单排式、围坐式、户外等。

▲ 货品-商品-服务-体验

因此，在星巴克消费并不只在于咖啡本身，而是包括咖啡、咖啡杯、餐巾纸、纪念品、时间、室内环境、专业的咖啡设备和烹调知识、管理成本、与工作人员的交互体验等全部相关联的事物构成的整体体验。

希望通过一系列分析，理解体验背后的驱动因素。下面，以一系列假设来逐步剥离体验背后的决定因素。

（1）如果在星巴克消费时没有了体验会是什么样的情况，在柜台看到的可能只是一杯做好了的咖啡，购买的是一串从运输到烘焙再到冲调的服务。因此，没了体验后，咖啡只是一项服务。

（2）如果没有了服务，我们甚至无法得到一杯冲调好的咖啡，只能购买到咖啡粉、咖啡机、咖啡杯等商品，之后自行冲调。因此，没了服务，咖啡只是一个商品。

（3）如果没有了商品，那么我们只能得到进入商品流通环节前的咖啡豆，它甚至不能进行购买。因此，没了商品，咖啡就只是一个单纯的货品。

通过以上假设，可以看到一件普通的物品变成日常消费的体验所经过的路径。既然看到了这条路径，那么是否可以摘取上述路径中的某些关键节点，来复刻星巴克的体验呢？例如，如果可以做出与星巴克口味相同的咖啡，那么是否就可以达到与星巴克相同的体验呢？

为了得到答案，不妨再进行一个假设，如果没有了咖啡，星巴克会如何？相信，星巴克还会是星巴克，没有咖啡，星巴克依旧可以给消费者提供良好的体验。因此，可以得出结论，体验是一种由多种维度的感官直接传达给用户的感受，如果将感官上的部分感受单独剥离，是无法复制整个完整的感受的。这里就是希望找到一种，让设计师通过自身技能，直接连通感官与感受的方法。

设计行为一般是针对人的感官进行的活动，例如，产品的色彩、材质、重量、使用时的效率等，都是人的感官方面采集到的信息。所以，通过现有的方法单纯对人的感官进行设计，很难直接作用到人的感受，也难以达到对体验的优化。

其背后的逻辑，可以通过下页图来更好地理解感官与感受之间的鸿沟。

　　左侧图和右侧图的图形分别是三个有缺口的圆和多个有尖锐头部的锥形（黑色的正形），但是在观察者眼中，却能够看到一个三角形和一个立体的圆形（本不存在的负形）。这背后的逻辑，就是在人的意识中，感官与感受的差异。从感官而言，只能够看到黑色部分的图形，但是在感受上，却可以看到本不存在的图形。这就是格式塔心理学（完形心理学）在诠释其特征之一（具体化）时常用的案例。

　　图形会有这样的传达效果，正是因为，设计师在设计时并没有在感官上将每个图形孤立地进行设计，而是通过整体规划，从形状、位置、角度等多个方面，为这几个图形的排布，制定了一种规则，从而让人感受到本不存在的图形。这个不存在的图形，就如同星巴克创造的体验，它自身并非一个客观存在，但却由诸多客观存在的事物，让这个本不存在的图形或星巴克的体验可以被任何人感受到。这种特殊的设计方法起到了感官与感受之间的桥梁作用，使设计师可以通过对感官的设计，达到传达感受的效果。

　　因此，在设计过程中，如果为了良好的体验，需要面向用户的感受进行设计时，一定不能单纯聚焦在独立的感官层面，而是需要通过多种感官的融合，营造出一个完整的感受传达给用户，从而达到体验上的提升。

▲ 格式塔心理学的特征：具体化（Reification）

　　这也就解释了为什么没有了咖啡，星巴克的良好体验依旧存在，咖啡只是星巴克体验中诸多感官之一，当某一个感官缺失之后，就好像下图中，缺失了某一个锥形后的立体圆形依旧可以被感受到，那么用户的体验也不会产生巨大变化。

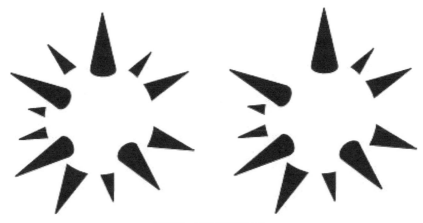

▲ 缺失了一个锥形的图形比较

　　就像下图中星巴克甄选店的场景，当把店中所有的咖啡、咖啡豆都换成奶茶，它依旧是那个能给人良好体验的星巴克，而不是其他普通的奶茶店。

▲ 星巴克甄选店（位于新加坡Marina Bay Sands Hotel）

连通感官与感受

设计语意是研究人造形式在其使用中的象征性质并将这些知识应用于工业 设 计。(product semanticst is the study of the symbolic qualities of man-made forms in the context of their use and the application of this knowledge to industrial design. Klaus Krippendorff & Reinhart Butter.)

——Klaus Krippendorff & Reinhart Butter

从感官到感受的传递，实际上在日常生活中经常被有意识或无意识地运用在设计中。例如，当在表达喜爱的时候，往往会选择下图中右侧的心形进行表达，而不是左侧的，尽管从感官上来说，左侧的心与科学的认知更加接近。

▲ 心的感官表达（左）与心的感受表达（右）

　　右侧的心形是一种社会公认的具有象征意义的图形，它所蕴含的感受方面的信息已经得到了广泛认知。如心形可以代表喜欢、爱意等正向情绪，已经是跨越了语言差异的一种符号化表达。因此，设计师经常会在日常产品的设计中，通过对心形的使用来直接连通感官与感受。如 Twitter 等社交媒体，都会利用心形的图标在自己的系统中让用户表达喜爱、收藏等信息。

▲ 哥伦比亚大学教授针对Twitter图标与其含义为主题发表的观点

　　下图中小心地滑的指示牌，也是通过其形态上的表现手法，让它看起来像是动漫中常会让角色踩到后滑倒的香蕉皮，从而将感官上的信息更加直观地传达给了路过的行人，让行人立刻从感受上理解了地面湿滑。相对于一个基于文字进行感官表达的指示牌，它具有更好的传达效果和体验。

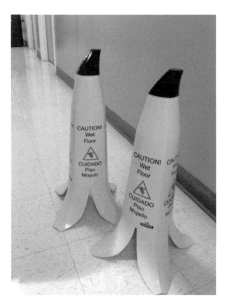

▲ 小心地滑的指示牌

　　如果希望产品能够为客户提供更好的体验，那么，设计在其中扮演的角色就应该像前面几个例子一样，能够连通用户的感官与感受。通过设计手段，在感官上定义产品、服务、交互的形式，将产品的形式与功能结合，让产品的感官与感受达到一致，从而为用户提供更好的产品体验。

　　例如，设计一个汽车方向盘时，它的造型、颜色（视觉）、材质、按键的力度（触觉）、声音（听觉）等，这些都属于产品在感官层的定义。设计师需要把感官层的表现手法作为一种素材，将其有目的地组合成为一种具有象征性的形式，让用户通过联想，直接理解设计师通过这个形式希望传达出来的感受。就像方向盘往往都会通过其多种感官层的设计，如利用优质的皮革、流线的造型、符合人机工效的尺度、按动力度适宜、声音优雅的按键等，传达给用户一种速度感、驾驭感、品质感一样。实现通过设计手段，将感官与感受连通的目的。

　　这种设计方法，可以利用 Klaus Krippendorff 和 Reinhart Butter 两位学者于 1989 年，在美国工业设计师协会期刊上，发表的文章中的核心概念产品语意学（Product Semantics）进行概括。

　　他们的主要观点是探索形式的象征性质，这种象征正是可以用来连接感官与感受之间的桥梁。形式是一种感官上的体验，而象征是一种感受上的体验。因此，当寻找到如上文提到的心形、香蕉皮等具有象征性的形式之后，就可以将其应用在产品或平面设计中，从而连接用户的感官与感受，让设计师将自己的想法通过产品传达给用户。

　　在这套理论中，语意的载体是形式，他们认为，一件物体的形式可以说明三件事情。

　　（1）关于物体本身的事情；

　　（2）关于其使用的更大场景的事情；

　　（3）关于和它交互并从观念上与它连接的用户的事情。

　　例如，当看到一个遥控器上的按键时，用户会识别出，这个按键是可以按压的，并且在按压后会有一些相应的反馈，按键的形状、位置、图标等都可以传达给我们按压它后的结果是什么。在第一次使用遥控器打开电视的时候，电源按钮一般都可以快速地得到识别。往往红色的，与其他按键具有一定距离的、位于遥控器顶部的就是电源键。这一整串认知的流程，就是通过设计语意传达出的由感官到感受的路径。

设计语言

实现和构造事物的终极概念包含着多层含义，而不仅仅是停留在美丽和刺
激上。在这一方面，设计和诗歌有着共同之处，囊括了生命和存在的方方
面面。

　　　　　　　　——《黑川雅之的产品设计》第四章：物质和形体的诗

　　设计师和用户之间是通过产品进行沟通的，而沟通所用到的语言，就是设计语言。因此，设计师需要有目的性地利用设计语言进行表达，从而保证信息的有效传递。也就是说，设计的终极目的是传达出正确的感受。

　　例如，下页图中的两个包装设计就形成了鲜明的对比。香肠包装找到的感官与感受的联系，是利用香肠的长短排列传达出其与手在形象上的联想，希望让消费者注意到，这款香肠百分之百是由人工养育的猪肉制作成的。但是消费者却普遍认为，这款包装的设计让他们觉得自己在吃手指，极大地影响了食欲，因此很难产生购买欲。可以看出，并非所有通过感官传达出的感受都是有利于促进产品体验的。

　　同样是食品包装，Trident 品牌的口香糖包装，利用了与香肠包装同样的设计语言，将产品自身的形态与包装的一部分进行组合，形成一个具有联想空间的图案。通过口香糖的排列方式，与包装上的嘴唇组合成一个露齿微笑的图案，从而通过感官上的创意，让消费者感受到，该品牌口香糖可以帮助保持口腔卫生，从而得到洁白、健康、整齐的牙齿。

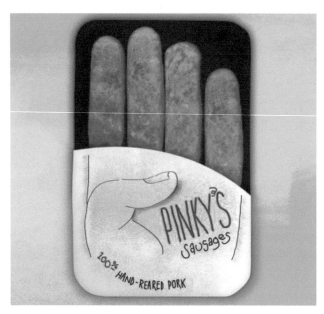

▲ 香肠包装传达了错误的感受

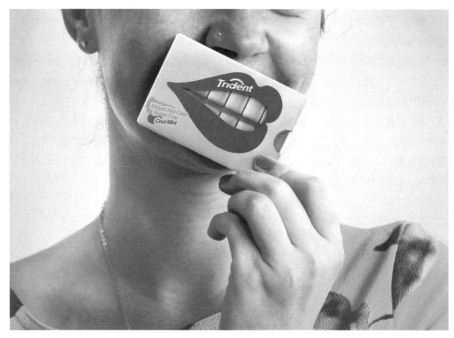

▲ 口香糖包装创造了感官与感受间的巧妙联系

　　为了避免失败的传达再次出现，学术界有过诸多讨论，其中最为著名的就是唐纳德·诺曼在他的书中举出的茶壶的例子——一个让人不知道怎么用的茶壶。书中他还列举了诸多此类案例，使大家给这种让人费解或让人不悦的设计起了一个统一的名字——诺曼设计。

　　提出设计语意的两位作者 Klaug Krippendorff 和 Reinhart Butter 也对避免诺曼设计提出了他们的想法，他们认为如果设计者不尊重产品语意的思路，就会产生如下四类主要问题。

　　（1）设计一个用户无法识别的产品。例如，一些饮料厂商的包装经常导致消费者误认为其产品是清洁剂。

　　（2）设计一个不能促进用户正常使用的产品。例如，一个旋转的控件，如果设计成方形，就容易引导用户去按压它。

　　（3）设计一个缺乏透明度的产品，导致用户无法进行探索。例如，大多数用户在第一次使用计算机的时候，往往都需要翻阅说明书或询问身边的用户。但是 iPhone 的用户在第一次使用的时候，往往都是通过探索，学习其功能的。

　　（4）设计一个不符合其典型环境的产品，而产品还不得不存在其中。例如，在中国节日用品往往是喜庆的红色的，因此，设计成黑色或白色的主色调，会使它在节日环境下显得格格不入，甚至引来反感。

　　因此，希望设计者在项目中，通过恰当的设计语言，连通用户的感官与感受，以传达优秀体验为首要目标，进行创意设计。在这里将讲述三个可以拓展思路的连通方式，即视觉符号、行为参与、混合感官。

▲ 唐纳德·诺曼收集的茶壶

视觉符号

我们所说的感官到感受之间的直接传递，其本质就是一种人的语言与思维的一致性，这里所说的语言，是一种广义的语言。各种用于表达某种思想的方式，都可以被称为语言。这也就是为什么我们一直在强调，设计是在创造一种感官体验，因为设计语言就是通过产品的形式，与用户和消费者沟通，而形式是每件产品的语言。

　　下图中所示的就是产品设计语言带来的直观感受，可以通过三个界面中图标的图形、颜色、特征等快速地识别出，这些图标分别出自什么系统。最左侧的彩色方块与极简线形图标是 Windows 8 以后更新的 Metro 设计语言；中间的具有长阴影、大面积颜色、同色系配色、几何化图形的图标，则是安卓推出的 Material Design 设计风格；最右侧的拟物化设计和扁平图标，以及丰富、精致的细节处理，是 IOS 7 之后苹果更新的扁平化风格，这就是视觉语言起到的将感官与感受联系起来的作用。因此，设计的风格作为一种语言，可以将设计师的思想表达传递给用户。

▲ Windows（左）安卓（中）iPhone（右）的设计语言

日本工业设计之父黑川雅之曾经通过比喻，对设计的语言属性进行过表达。他把设计师比喻成诗人，那么设计行为本身就是一种对物质和形体的诗意表达。说得直白一些，诗人是用语言对主题进行表达，而设计师是用物质和形体对产品的功能、交互等进行表达。

那么是什么因素决定了设计可以作为一种语言呢？其主要原因是，设计可以直观地将语言进行符号化表达。用符号米辅助或替代语言进行表达的案例，在我们身边十分广泛。上页图中的图标就是一个典型的符号表达，通过一些抽象的图形，代表这个应用的功能，将诸多应用的启动按键，缩小为一个一个的图标，通过点击对应图标，启动应用。例如，当点击一个信封的时候，你会知道是在启动手机中的短信应用，而不是打开一封邮局寄来的信件。

但是，图标作为一种视觉符号，它对语言表达所能提供的辅助，远不止这么简单。许多早期的西方哲学家都曾探讨过符号与世界之间的关系，从柏拉图的《理想国》到佛洛伊德的《梦的解析》，其中都有对于符号的理解和运用，符号化的表达方式被古代的哲学家们作为一种人类对世界认识的表达。因此，为了更深刻地探究，如何利用设计语言来连通感官与感受，需要先想清楚，如何通过符号的使用形成设计语言，从而掌握如下图所示的创意设计方法。

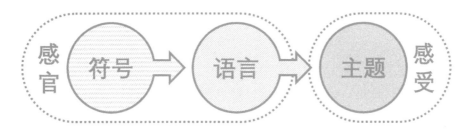

▲ 设计语言的创意方法

首先从符号学理论入手，这里提到的在设计语言中应用的符号学理论，主要基于被称为实用主义之父的美国科学家 Charles S. Peirce 的符号学理论。在他的理论中，将符号分为三类——图像、标识和象征。

图像符号代表的是通过拟物的表达手段，让人可以通过看，直观地理解到的含义，如下页上图中最左侧的正在打印出纸张的打印机，很直观地代表了打印。

标识符号指的是符号与含义之间有一定因果关系，需要通过理解来进行表达，如下页上图中间的标识，如果直观地理解，它代表太阳，但是如果出现在一些 APP 中，则可以代表晴天。视觉形象与含义之间具有因果关系的，即可作为标识。

象征符号并无明显的直观含义和因果关系，往往是一些经过长年累月积累的，前人约定俗成的规定，如下页上图中最右侧的图气泡上加上三个点，就可以代表对话。

通过图中的例子可以看到，设计师可以通过巧妙地运用视觉符号，创造出一套设计语言规范，并通过这套语言，对主题进行表达，从而实现感官与感受上的连通。这里的感官就是由符号组成的设计语言，而感受就是由语言表达出的主题。

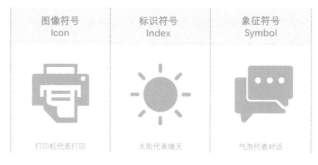

▲ Charles S. Peirce的符号学理论

例如，右图中模拟门把手使用效果的包装，就是典型的以设计语言组合符号后进行主题表达的设计思路。下图对它的方法进行了解析，它采用的是以门板照片为图像的符号，通过包装做出产品背景的设计语言，表达出其在真实应用场景下的使用效果，从而帮助消费者选择更加适合自己需求的产品。

▲ 门把手使用效果展示包装

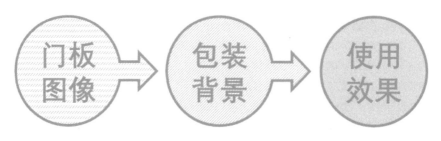

▲ 包装设计逻辑

　　当然，也可以像前面提到的香蕉皮防滑指示牌一样，把它应用到产品设计上。如下图中的落叶耙，通过将树枝进行提炼，将其符号化为一种标识性的造型，并且利用设计语言，将造型与功能进行结合，把树枝和耙子上功能性的齿进行结合，从而传达出使用趣味。

　　随着对设计语言应用的熟悉，设计师可以将这种方法简化为一种将感受与感官直接联系起来的设计风格，通过将设计语言运用在产品形态上，来帮助产品更好地与用户进行沟通。

▲ 树枝形状的落叶耙

▲ 落叶耙设计逻辑

行为参与

通过产品的媒介作用来创造和支持人的行为。(Creating and supporting human activities through the mediating influence of products. Richard Buchana.)

——Richard Buchana

在 PC 为王的时代，也就是移动互联网到来之前，如果在中关村走一圈，可以听到各种计算机买卖双方的讨价还价，其中与计算机本身相关的，无外乎是显卡、CPU、硬盘等功能信息。现在，大家在购买手机的时候，关心的产品自身的问题一般都是待机时间、充电速度、拍照质量等与应用相关的信息。消费者观念的改变，也使设计不得不从以功能为导向转向以用户为导向。

借用辛向阳教授在《装饰》杂志 2015 年第 1 期公开发表的学术论文中的定义，"这是一种从物的设计到行为的设计的转变。"从前文中也可以看到，早在 20 世纪 90 年代初，Richard Buchanan 教授就清晰地把设计的对象定义为行为。因此，本节将从行为出发，将感官与感受进行连接。

在篇首，我们还对行为进行过一次论述，就是康纳德·诺曼在《设计心理学》中提出的本能层、行为层、反思层的设计比较。本能层更关注的是感官上的体验，而反思层关注的是感受上的体验，那么本节将主要论述的行为层，就成了可以将感官与感受相连接的载体，具体思路如下图所示。

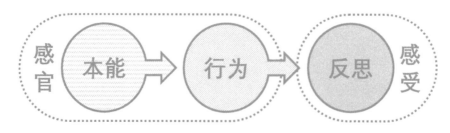

▲ 行为参与的创意方法

　　这样的循环逻辑，在日常生活中一直在周而复始。人的本能感觉到天黑了，于是驱使行为，去打开灯照明，而一般的开灯行为，很难让人接触到反思层。因此，如果希望产品可以达到反思层的高度，就需要对行为层进行精心的设计。

　　同样是与灯交互的行为设计，下图中的 Drop Light 所提供的行为层的设计，要比一个普通的开关更能引起人的反思。Drop Light 可以让用户通过摘取、悬挂、放置等一系列动作，完成移动照明、调节亮度、应急光源功能的氛围灯具设计。它是一系列的可充电灯球，通过组合或分散来调节亮度；用户也可以按需摘下灯光，将它作为一个移动光源使用，方便夜间关灯后的照明。为了在使用的时候，提供更好的触感，产品采用了优质的硅胶，这样在摘取灯球的时候，用户会感受到与光线的温暖色彩一样的柔软触感，从而极大地满足行为层的需求，让产品提供一种情感化的体验，进入反思层。

▲ 韩国产品设计公司Doolight 设计的Drop Light

　　具体的设计逻辑如下页图所示，通过形态的设计，让它给用户一种类似悬挂着的果实的观感，从而激发行为层摘取或悬挂的欲望，并且通过综合了多种感官体验，让用户在使用过程中，充分体会到产品提供的情感化体验，从而触及用户的反思层，让用户有一种对光这种非物质属性自然物的触摸感。

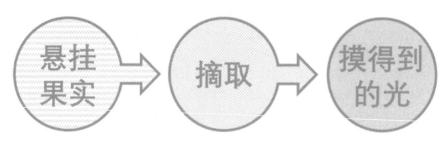

▲ Drop Light的设计逻辑

与枯燥的开关灯类似，我们的生活中还有很多其他乏味的行为，如撕日历，随着手机、手表、计算机的出现，撕日历这种枯燥的重复性行为很快就被取代了。但是佐藤大的 Nendo 设计工作室却专门对这一行为，设计了一个具有趣味性的产品——贴纸日历。

使用者可以每天撕掉一张贴纸，而背景中的画面，就会逐渐展现出来，直到全部撕完，下一个季节的风景就会完全展现在眼前。让人感受到季节的渐变，让冷冰冰的数字，以直观的景观变化出现在眼前，并且会随着人的参与，构成不同的画面。观察其背后的设计逻辑，无非就是通过墙面日历这一本能层的产品，引发人去撕的行为层动机，再通过行为上的巧妙设计，使其更具趣味性，从而让使用者能够在撕日历的同时，感受到季节的变化、时光的流逝，从而触及用户的反思层。

▲ 日本Nendo设计工作室的贴纸日历（1）

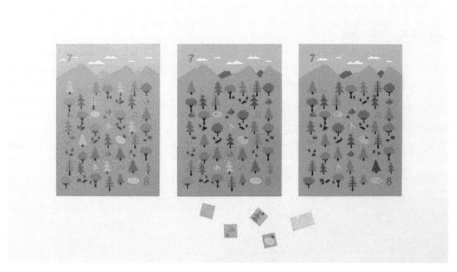

▲ 日本Nendo设计工作室的贴纸日历（2）

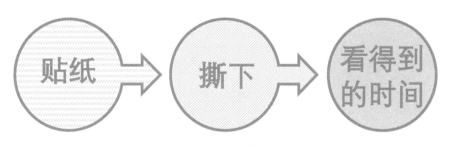

▲ 贴纸日历的设计逻辑

　　通过对这两个例子的总结可以发现，如果希望通过行为参与创造反思层的设计，那么最快捷的方式是从观察行为入手。对用户日常在产品使用中的行为进行细致入微的观察，筛选出那些枯燥乏味、功能欠佳的行为，并将行为本身赋予更多乐趣，从而实现良好的情感体验，引起用户反思层的思考。

混合感官

尽管从篇首就一再强调感官，但到目前，还是主要集中在感官中的一项——视觉，进行讲解。毋庸置疑，在日常生活中，绝大多数信息是以视觉形式传达的。尽管大量研究都表明，我们的视觉承载了超过 80% 的日常信息，但依旧不能忽略其他感官在形成感受时的重要性。

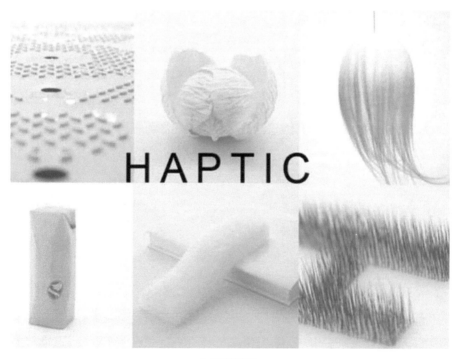

▲ 五感的觉醒

因为人的感受往往是由多种感官混合而成的，这一思想在计算机领域被称为多模态，在设计中，一般被称为五感的设计。这一概念得到广泛推广，主要是源于原研哉在 2004 年举办的一场展览——五感的觉醒，并推出了一本名为《HAPTIC 五感的觉醒》的书。希望借此探讨如果不把重点放在颜色、形状、质地和平衡等外部因素上，而是关注它们如何被感知，那么会出现什么样的新设计呢。

我们可以通过一个小实验来验证其他感官的重要性。可以先用表情，不发出任何声音地向身边的人传达一种情绪，可以是喜悦、愤怒、焦虑等，再单纯地用声音而面无表情地重复一次。实验后，会惊奇地发现，听觉在传递信息的时候远比想象中要重要，甚至有些情绪，即使在没有视觉辅助的前提下，也可以通过听觉直接传递。这就是五感设计的重要性。通过混合多种模态，可以共同将某些感受传达给用户。

像视觉一样，其他感官也可以通过符号化进行总结，并将其应用到适当的信息传达中。

例如，下面的图表中，就是与图像、标识、象征符号理论相同的，听觉符号的典型案例。当听到脚步声的时候，其代表的意义正如其本身含义，代表有人接近；当听到敲门声，在某些特定场景下，可以通过因果联想，将其定义为一些特定含义，如在 QQ 中听到敲门声，就代表有人上线；又如，Hello Kitty 这个词语，其本质上只是一个特殊发音，并无含义，但是今天它却可以完全代表一只粉红色的卡通猫，这些都是听觉符号所传达的信息。

▲ 听觉符号与视觉符号的对照表

　　在设计中，可以用量表的方式对每个应用场景下的五感重要性进行标定，从而帮助我们在其中找到混合感官的创意空间。这个量表最早是由设计师 Jinsop Lee 提出的，他希望通过这个量表，扩充五感用户在使用产品时五感的综合感官，从而提升体验。如下图所示，是使用 APP 时的五感量表。可以明显地看到，它是以视觉、听觉为主要感官的场景设计。

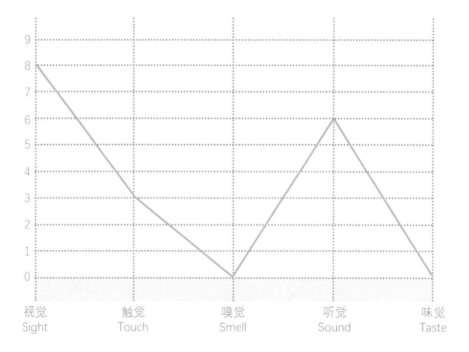

▲ 使用APP时的五感量表

　　那么，为了提升混合感官带来的体验，将一些从场景上可以建立关联的产品要素进行整合，从而得到一个能够通过感官的混合，创造更好使用体验的产品创意。例如，同样是一个日历的设计，与前文中的贴纸日历不同，日历茶叶片可以通过速溶茶叶薄片，为用户创造触觉、嗅觉、味觉的综合体验，再结合其场景自身的日历功能，营造出一种品味时光的惬意感受，非常完美地传达了混合感官在产品设计中的价值。

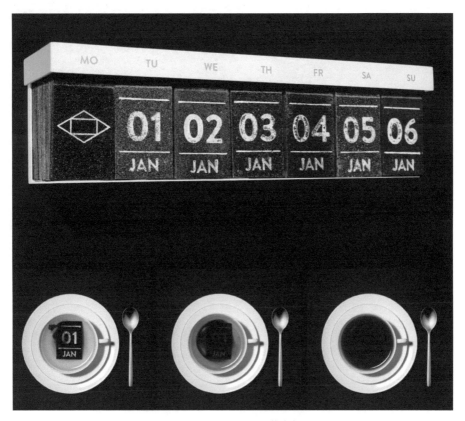

▲ Halssen & Lyon日历茶叶片

　　同样，可以将此想法进行类推。下面是一个将咖啡壶与闹钟结合的产品，在预定的起床时间，闹钟响起，这是一个再平凡不过的体验。但是，设计师通过增加闹钟响起后制作咖啡的感官体验，让起床不再是一个痛苦的过程，而是结合了视觉、听觉、嗅觉混合感官的体验。

▲ Barisieur咖啡壶闹钟

情感化体验案例

我们所说的情感化体验，都是希望能够强化设计语言在其中起到的传达作用。因此设计师在进行此类创作的时候，需要注意，不要选择过强的感官或感受元素，从而导致用户对设计语言关注的弱化。就像下图中所表达的，要选设计语言在感官与感受之间的桥梁作用突出的，才能让我们的设计被用户认可，从而避免用户过于关注感官或感受部分的体验。

就好像交通信号灯，它的设计初衷一定是希望无论是在强光下，还是雨雪天气中，都能足够突出，从而被行人或司机注意到。但是，如果它的感官刺激过强，则会起到副作用，占据司机过多的视觉注意，还会影响到对路面其他信息的关注。因此，在情感化体验的设计中，一定要控制感官与感受的强度，从而恰当地突出设计语言的巧妙。

▲ 强调感官、感受的设计（左）和强调设计语言的设计（右）

　　本案例的灵感来源，是对生活中事物的细微观察，这样的思考方式非常适用于情感化体验，设计师的本职就是要把生活中的美好传达给用户。

　　这个灵感来自一个阳光下的玻璃杯。每个人都用过玻璃杯，也都会偶然地把玻璃杯放在过阳光下面，无论是窗前的办公桌、还是阳光下的床头，都能看到这个景象。但是，有多少人注意过，阳光下玻璃杯的影子会有七彩色的光斑，这是杯中的液体对阳光产生了色散，并投射在杯子的阴影中。于是就带来了设计灵感，是否可以通过设计，利用这个现象，让色散变成设计的一部分呢？

▲ 阳光下杯子倒影中的色散现象

　　于是，通过发散得到了如下图所示的设计思路，以再平常不过的杯中水作为载体，让用户通过不经意间地把有水的杯子放在阳光下或往阳光下的杯子中添水的行为，点亮一抹桌面上的彩虹，从而为生活带来美的感受。

▲ 设计思路

　　为了让用户感受到产品提供的情感化体验，又不会使产品因为过于强调造型等感官刺激而喧宾夺主，采用了一个非常简洁的斜面，让这个可以制造彩虹的杯子看起来平淡无奇，下图中的杯子就是这个设计的最终方案。

▲ OVER THE RAINBOW玻璃杯

简洁的造型背后，是如下图所示的工作原理，对阳光产生色散的不是杯子，而是水，这样才能创造出与真实彩虹一样的时隐时现的体验。杯底的斜面让倒满的水，呈一个三棱柱的形态，从而保证阳光射入后，能够得到平行色散，产生效果最佳的彩虹。

▲ 实现原理

最终使用效果如下页图所示，分别用一个阳光下在床头柜上的温暖场景和一个能够突出七彩色的纯白办公桌的场景，对这个产品的使用状态进行展示。情感化设计往往都是让用户通过使用产生感受的，以图片的形式传达则需要设计师多花费心思，让用户以一个观者的角度，仍然可以感受到设计语言的巧妙。

情感化的设计与其他设计的不同之处在于，其他设计是通过各种表现手法直接创造美的体验，而情感化设计则是通过设计唤醒人门对美的发现，从而间接地创造美的体验。这与设计的初衷是最贴切的，设计并不是以各种手段为感官带来冲击，而是让用户在不经意间发现它的美。

就像《布达佩斯大饭店》中的礼宾员 M. Gustave 所说的，"What is a lobby boy? A lobby boy is completely invisible, yet always in sight." "什么是门童？门童就应该是完全隐形的，但是却又永远会在需要的时候出现在视野中。"设计也应该如此，好的设计应该是无处可见，又无处不在的。

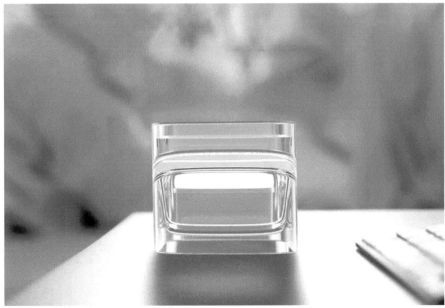

▲ 使用效果

我还想指出，创造力不一定是集体活动。完全靠自己工作的个人可以以强有力的方式使用创造性技巧。(Creative techniques can be used in a powerful way by individuals working entirely on their own.)

——《严谨的创造力》(《SERIOUS CREATIVITY》)

创意实践

创意的应用

为了不在一开始就吓跑读者，我把这本书最枯燥的部分，就是本书的理论基础，放在了最后。尽管它很枯燥，却能在我和你之间建立起一种信任关系，它可以证明这本书中介绍的创意方法不是我一个人的胡思乱想。

这是一本以案例为导向的应用书，其中包含我对个人获奖作品和成功项目中方法的总结，对优秀设计作品背后创意逻辑的探究，以及大量日常产品背后的设计逻辑的剖析。将创意归纳为方法的理论支持主要来自爱德华·德·波诺（Edward de Bono）的《严谨的创造力》中的理论，它将创造力定义为一种横向思考的思维方式，我们的方法就是辅助你运用这种思维方式去思考问题。通过横向思考的引入，让产品创造出情理之中，意料之外的效果，从而达到让用户可以感受到的创意。这种方法也被广泛地应用于电影、小说等诸多领域，达到创意的效果。

什么是创意？

我们一直以来接受的教育，是对信息的收集，通过学习，头脑中会对信息进行分类和使用。为了更好地对所学知识进行应用，我们也发明了大量的工具，如思考工具、存储工具、检索工具等。这是一个典型的被动式系统，相当于把每个人看作一台电脑，通过记忆存储信息，再通过学习掌握如何处理信息，最终将生活中的各种刺激作为这个大系统的输入，根据输入在大脑中思考和检索预先存储的信息，并给出对应的输出。这是一个被动式系统从存储到运算再到输入和输出的完整流程，也是我们日常学习、理解、应用、处理生活中问题的一般流程。

例如，在与一个外国人沟通的时候，你会优先想到预先记忆的单词，然后以对方能够理解的语言来表达你的意愿。

而我们常说的创意，其实是一种与这类思维方式不同的主动式系统。当接受的输入，无法通过大脑的思考在已经学习和处理好的信息中找到解决方案时，主动式系统就会被激活。例如，和一个外国人沟通，通过几番不成功的交流后，你发现自己掌握的外语，并不是他所使用的语言。这时候，你的大脑无法在预先存储的信息中找到可以使用的方式来解决这个问题。于是，大脑开始寻找更多的可能性，如用手势和肢体语言表达想法，用纸笔辅助画出想描绘的内容，或者借用其他周边事物去辅助表达。

人的正常思维逻辑是默认采用被动式系统的，但当其不再生效时，主动式系统就会被激活，这往往就是激发创造力的横向思维开始生效的时刻，也是本书所探讨的创意的来源。如下图所示，当在国外沟通的时候，人们需要对语言进行翻译，于是需要学习一种语言或下载一个翻译软件，这是典型的纵向思维。它是把问题的解决诉诸被动式系统，为了沟通，必须掌握语言，或是亲自学习，或是借助工具。但是，当在某些极端情况下，无法利用纵向思维解决问题时，横向思维就会被激发，这时主动式系统被激活，会去寻求一些意想不到的想法，这时创意就形成了。横向思维下，把重心回归到沟通本身，任何沟通形式都可以达到目的，而不再是一定要寻找一种语言。就像下图，当以横向思维寻找解决方案的时候，便能产生图标 T 恤这种有创意的设计。这个设计把一些常用语以图标的形式印在 T 恤上，为穿这件 T 恤的人提供了一种全新的不依赖语言的沟通方式，创造性地解决了在语言不通的情形下沟通的问题。

▲ 沟通场景

通常所说的创意往往是对结果的描述，而对过程，通常以天赋、灵感等带有一定神秘主义色彩的词汇进行定义，这就使创意本身成了一种难以捉摸的东西。但是，当理解了横向思维对于创建和激发创造性想法的辅助作用时，可能就会找到一条提升创造力的有效路径。

总体而言，纵向思维是按部就班的，属于选择性思维，而横向思维则是跳跃式的，属于生成性思维。作为设计工作者，创新是我们的必然使命，因此一定要训练出一个良好的横向思维模式，尽管如此，纵向思维对我们而言也同样重要。在实际的应用中，需要将两者有机地结合，横向思维可以提高纵向思维的效率，纵向思维能发展由横向思维产生的创意。两者的结合可以通过挖井来进一步解释，通过横向思维来确定在什么地方挖，横向思维可以帮助我们选择有利的位置，而纵向思维能够通过增加深度真正触及有水的地层。

▲ 有40个图标的旅行T恤

如何激发创意

训练创造力其实还有很多其他手段，例如，大家耳熟能详的思维导图，或者通过振荡频率范围 4～8Hz 的 θ 波让人的精神处于深度松弛状态，注意力高度集中，灵感涌现，创造力空前高涨。但在这里，我们更强调创意的应用属性，因此，本节依旧基于实例，提供一些能够激发创意、开发创造力的原则。希望每个人都能在这些原则的辅助下，通过实践摸索出一套适合自己的激发创意的方法。

（1）由按部就班变成跳跃式

一般情况下，大家在思考下一步的时候，都会依赖上一步甚至上几步的思考，从而保证每步之间紧密相连，因此，以这种方式得出的结论往往是合理的，不需要再次证实。

而横向思维则不需要按部就班，可以向前跳进一个新观点，由此产生的空白可以后期再进行填补。在下图中，ABCD 是依次行进的而横向思维是由 A 先到 G 再由 G 返回到 A 的。

就像登山，起点是 A，终点是 D，上山的时候，只能一步一步地攀登，但是当在山顶向下俯瞰的时候，会发现有更多的选择。我们在思考的时候，往往需要先跳到山顶，再来找更多路径。

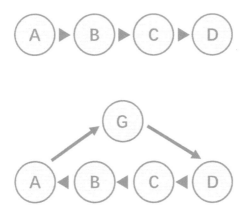

▲ 按部就班式思维与跳跃式思维

（2）由追求每一步的正确变成追求整体正确

为了达到整体目标的正确，惯性思维一定以每一步都是正确的作为基础保证，但是在横向思维中，不必所有步骤都是正确的，只需要最后的结论正确即可。

就像搭建拱桥，不是每个部件都可以稳定地衔接，也不是每个部件都可以独立稳定站立，但是，当所有部件组合完毕后，就成了一个稳固的桥梁。

▲ 每一步的正确与整体正确

（3）拆除语意的围墙

为了更好地解决一个问题，往往会在解决之前划定明确的范畴、类别等。当对某些问题甄别得越具体，那就意味着找到解决方案的可能性越大。当说解决方案是"利用人工智能进行设计"时，会被认为是一个极其不明确的答案，被认为是大话、空话。但是，当描述成要"利用卷积神经网络去对梵高的笔触特征进行学习，并将这种视觉语言应用在海报设计的图片效果上"时，整个方案听起来是十分具体、可行的。这是因为我们在不停地对需要处理的问题进行归类，直到它被细分到我们认为可以处理的颗粒度。

这固然是好的，但这种思维方式也屏蔽了许多可以洞察到好创意的机会。就像本书始终强调的，当我们用这种方法去设计一个台灯时，所能做的创新可能更多会局限在造型、材质等设计元素上。但是，当拆除语意的围墙，不去对类别进行细分，而是扩充类别，这时会发现，设计的不再是台灯，而是一个定向光源、一个照明方式乃至一份光明。这时，我们会思考得更多。

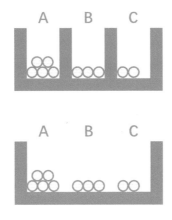

▲ 拆除语意的围墙

（4）由建构信息变成重构信息

当对新的信息进行处理的时候，往往会倾向于建构，从而让它能够适应现有的框架。但是，顺应已有架构去整合信息不一定能得到最优的结论，有的时候可能需要通过创新来重构信息，从而进行更好的归类。我们对信息的建构就像下图中的流程，随着信息的积累，会逐渐形成一种定式，当某个新的信息无法适配原有定式的时候，我们往往会感到慌张。横向思维有时候会帮我们彻底解构已有信息，并结合新信息一起建构成一个全新的规则。

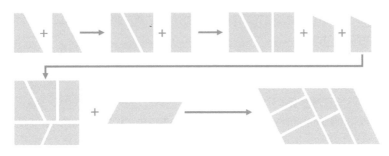

▲ 对信息进行重构

在设计中应用创意

设计过程经常被看作是一种创造的表现。——霍尔格·凡·邓恩·博姆

"设计"与"创意"两个词贯穿全书，二者之间的联系不言而喻，甚至在一些特定的语境下被认为是共存的。本节将把两个词作为两个独立的个体进行剖析，在分别了解的基础上，建立联系。

我们之所以把设计与创意分开，并非刻意进行文字游戏，而是因为书中介绍的设计公式的主要目的是为设计师提供高效的产品创意输出方法。因此，我们需要解答如何将设计应用于创意这个问题。

谈到工业设计，我们一般以世界设计组织 (WDO)™（前国际工业设计协会联合会，LCSID）在 2015 年第 29 届 ICSID 大会上最新扩展的定义为准。

"工业设计是一个战略性的问题解决过程，通过创新的产品、系统、服务和经验，推动创新，建立业务成功，并带来更好的生活质量。工业设计弥合了事实和可能之间的差距。它是一个跨学科的专业，利用创造力来解决问题，共同创造解决方案，旨在更好地创造产品、系统、服务、经验或业务。从本质上讲，工业设计通过将问题重新定位为机遇，提供了一种更乐观的未来展望方式。它将创新、技术、研究、业务和客户联系起来，在经济、社会和环境领域提供新的价值和竞争优势。"

从定义中不难看出，设计依旧被视为一种过程，而创意则作为这个过程最终的产出物之一，用来为客户或用户提供价值和竞争力，这就是设计与创意之间的关系。于设计而言，创意是重要的产出物之一，于创意而言，设计是将它实现的过程。

本书总结的方法，是以应用为导向的产品创新方法。设计师可将这六个方法作为一个或多个独立或有关联的环节，应用于设计过程中。设计师能用这六个方法为设计过程带来良好的创意产出，从而增强设计交付物中的创意部分，为客户或用户带来价值和竞争力。

设计的定义最早由 ICSID 在 2002 年以《设计的定义》发表在其官方网站上，其中的观念更多地代表了近期和未来的发展趋势。为了更好地理解如何为今天的产品进行设计，我们还要回归历史，重新审视在不同历史时期中设计的变迁，以及在不同时期设计与创意的关系。让我们沿着设计的发展脉络，通过世界设计组织的定义，来回顾"设计"随着社会、文化、经济、技术等的发展而产生的变化。

对于设计的发展，不同领域的专家学者站在不同文化背景和历史时期下提出过很多真知灼见。考虑到本书的主要应用对象和语境，我们以路甬祥院士 2017 年在《中国工程科学》杂志中刊登的《设计的进化与价值》一文为准，并结合普瑞特艺术学院院长，IDEO 的设计战略高级研究员 Arnold Wasserman 在《设计 3.0》一文中的观点作为补充，进行梳理，将设计分为了四个时代。

（1）设计 0.0 时代

设计是一项古老的活动，可以追溯到早期文明，人类第一件产品是手工生产的，并且能够提供一种基本的使用功能。在 18 世纪中期和工业革命之前，产品的设计者通常也是产品的制作者，无论是一件餐具、一把椅子、一艘船，乃至一座教堂。

一直到 18 世纪下半叶，设计师仍然被认为是工匠，需要学习和精通技艺和工艺。设计 0.0 时代要求设计师始终与客户直接接触，客户通过与某个职业工匠联系，利用他们的专业化技能，将自己独一无二的需求，转化为一件实实在在的产品。从设计师的发展角度来看，这种直接的、个人的联系方式和最终产品对熟练手工制作的要求，是一种制约。

从这个阶段明显能够看到对于设计的不重视，由于这种设计与生产相结合，或者说生产者直接进行设计的方式，在成本、时间周期等方面的优势，它在今天中国的很多地方依旧被沿用。例如，依然可以用到很多由程序员直接进行设计的手机应用，或者由工厂师傅直接进行设计的产品。

这个时期的创意是自由的、朴素的，设计师们往往会根据客户的需求或自己的意愿，把一些美的元素通过熟练的技法表达在自己制作的产品中。由于这个时期的设计师兼具工匠属性，因此，创意也并非设计过程中的必须部分。

（2）设计 1.0 时代

随着时代的进步，手工制造的精细化和专业化程度逐步发展，设计或者说优秀的工匠已经开始吸引了更多的产品需求，也带来了更大的换取收入的能力。需求的增加为生产方法的改进提出了要求，单凭工匠自身的制造效率，已经难以满足市场需求。恰逢类似工业革命这种社会、技术、经济等诸多方面的发展为工匠带来了一种新的转型方向，即设计与制造的分离。

于是，作为工业革命的结果，工业设计在 20 世纪 20 年代到 20 世纪 30 年代之间出现，创造了一种新的劳动分工模式。机械化的早期方法和产量的提高使工作环境改变，这种改变在车间里表现为一种更大程度的专业化，职业设计师的概念就形成了。这也就意味着，平面设计师不再必须操作印刷机，产品设计师也不需要对车、钳、铣、刨、磨样样精通。

这个时期，有一项与工业革命同等重要的社会背景，奠定了设计未来数十年的走向，即从 20 世纪 30 年代开始的经济大萧条，生产力的改变带来的贫富差距的变化，粗制滥造的机械制品和精美的手工制品之间的对比，大规模生产带来的供需关系的不平衡等复杂且多样的因素使设计成为这个时期为企业增加产品销售的有力工具。因此，造就了设计 1.0 时期的一个关键词"产品 - 营销组合"。有计划的废止制度、功能主义等设计的应用理念都在这个时期产生。

例如，我们熟悉的德国制造同盟创始人贝伦斯，就试图将德制造同盟定义为一个致力于工业发展的组织，这一点与当时的新艺术运动形成鲜明对比。他本人也身体力行，成了那时德国最大的公司——德国通用电气的专属设计师，并且第一个从事跨界设计工作。他为通用电气塑造了现在所说的企业形象，如品牌打造、标识设计、出版物及字体设计等，以及换气扇、电热器、水壶、钟表等各种各样的实体产品，以及公司大楼的部分设计。这种设计方法，代表了设计师脱离手工原创制造者概念的重要一步，将设计师与手工艺大师的关系理清，把设计发展成以作品和形象识别为目的的工艺体系。

此外，在美国，同样可以看到设计脱离手工艺的趋势。设计师雷蒙德·罗维，作为流线设计的发起者，除了众所周知的代表作（可口可乐、汽车、船、火车头等），他的另一个主要贡献是将贝伦斯的设计方法进一步发展，把设计作为一个完成互相关联的产品和形象的完整系统，并且完全开启了我们现在所说的企业设计的工作。他放弃了艺术及工匠的态度，开发出一套原创的设计方法，即通过设计不断改善现存体系和产品。这种思想，给世界带来的最大改变是，企业和消费者开始意识到，"制造"世界之间的互动是被设计出来的。从代表制造商的标志，到日常的汽车及其他机械，再到声音的使用，这使设计作为一套系统化、理论化的体系，开始具备了存在的可能及价值。设计被理解为一种需要在心理、社会、文化、经济、工程、人机工序等多方面进行优化的，极其复杂的活动。

认识上的变化，使这个时期的设计行业经历了从设计与手工艺混合，到设计专业化、独立化，在设计独立化之后，大家又逐渐认识到，设计是一个需要进行跨学科协调、理解的过程，使得设计又回归到一个综合性、跨学科的位置。

不论设计如何变化，它始终如赫伯特·西蒙（Herbert Simon）在 20 世纪 60 年代概括的那样，"设计是将现状转化为人们想要的状况。而找出人们想要的状况是什么正在变得日益复杂，这就要求我们具备了解我们自己设计的这个世界的能力，了解世界是如何出现，如何真正运作的。"

1959 年的 9 月，第一届 LCSID 大会在瑞典斯德哥尔摩举行。正是在这个会议中首次颁布了对工业设计的定义，其内容如下。

"工业设计师的职责是，通过培训技术知识、经验和视觉敏感性来为那些通过工业生产过程，大量复制的产品，确定材料、机制、形状、颜色、表面处理和物体装饰，这些物品。工业设计师会在工业产品的设计过程中的不同情境下，考虑以上方面中的一个或几个。"

除了技术、知识和经验，设计师也需要将视觉设计应用于工业产品的包装、广告、展览和营销等方面。如果一件作品，是基于工业生产或商业贸易，通过图纸或模型进行设计，且最终作品是商业性质的，是批量生产的，则可以被称为设计，而不是艺术家或工匠的个人作品。

显然在工业设计出现的早期，它的定义还略有些晦涩、难懂。我们借用同时期的建筑评论家西格弗里德·吉迪恩的话，更直观地描绘这一时期设计的工作，"他（工业设计）使外壳时尚，并思考如何将可见的马达（如洗衣机的）隐藏起来，并使之富于整体感。简而言之，就是如同火车和汽车般的流线造型"。

正如定义中所描述的，这一时期，设计已经明确作为了一个独立的过程存在，并且一定程度上通过跨学科的手段，为商业进行服务。设计师需要通过创意，来为产品的制造提供设计方案，并且通过融入产品中的创意，来为企业创造更大的商业价值。

此外，从援引的那段话中，我们还能看到这一时期的另一个设计中的创意应用，即美学。一些纯粹的造型、平面设计等，需要通过设计师的创意创造出诸如流线型的这种具有良好设计美学的造型。

（3）设计 2.0 时代

2.0 时代延续着 1.0 时代产生的趋势，即设计越发地趋向于复杂、跨学科、而一个革命性的变化，开启了设计 2.0 时代，那就是第二次工业革命所带来的电气化技术。电气化技术使得产品的功能和产品的使用，无法再直接通过产品的形态表现出来。诸如一些电子产品的形态与其功能，是可以完全不具备关联的，这就使得曾经的工业设计师所掌握的设计手段很难应用于新技术下的产品设计中。换句话说，我们无法再以一件产品为中心进行设计了，因为每一件产品都具备了极其复杂的功能，就好像机械打字机和电脑比起来，虽然同样是为输入文字而设计的产品，但是电脑的打字功能却远比机械打字机复杂。因此，设计师和设计行业都不得不为新的技术发展，新的产品形态做出改变，一种全新的设计方法和设计流程呼之欲出。

设计理论家克里斯朵夫·亚历山大（Christopher Alexander）于 1964 年列举了四条理由，说明为什么设计流程需要建立一套自身的新方法。

·设计问题已变得太复杂，以至于很难依靠直觉来处理。

·解决设计问题所需要的信息量骤然大增，以至于一个设计师都无法独立收集，更不用说处理了。

·设计问题的数量也在激增。

·总体来说，新的设计问题以比以往更快的速度出现，因此，甚至很少的设计问题都不能依赖长久以来建立的经验来解决。

1963 年，随着 ICSID 被联合国教科文组织 UNESCO 授予咨商地位（consultative status）后，1969 年，Tomas Maldonado 提出了工业设计的第三个定义，其内容如下。

"工业设计是一种旨在确定工业产品形式属性的创造性活动。所谓形式属性不仅包括产品的外部特征，更主要的还包括结构与功能关系，应从生产者和用户双方的角度，使这个关系系统变得条理清楚、易用易懂。工业设计扩展到涵盖工业产品所营造的人类环境的一切方面。"

在这个时期的定义中，我们看到了明显的变化，系统和关系被更多地提起，这些观念使得设计向交互领域迈进了一大步。而随着工业产品对生活渗透程度的增加，工业设计也开始渗透到生活中的方方面面，工业设计所能触及的产品已经可以触及人类环境的一切方面。这一趋势被 Bernhard E. Burdek 教授定义为，"设计不是一门只产生物质现实的学科，它也满足沟通的功能。"

当然，具备沟通功能的设计已经存在了上百甚至上千年，例如，翁贝托·埃科在 1972 年所设计的王座一例。在王座的设计中，"坐"只是诸多功能之一，而且这个功能还未被较好实现。因为，对王座而言，更重要的是焕发出庄重的威严、表现权力、唤起敬畏之心。这便是设计在沟通中所具备的功能，这类设计也逐渐发展成了今天的设计语意学。

此外，作为沟通的设计，还大量地应用在了电子产品中，从 20 世纪 60 年代半导体晶体管和集成电路的出现，到今天我们随处可见的智能手机、电脑等终端构建的互联世界，所有的一切似乎都在为沟通服务。人与网络的沟通、人与人的沟通、人与设备的沟通，设计的中心问题，已经转变为"我们如何以人为中心，对互动、行为、体验、服务进行设计"。越来越多无形的产品出现，如声音、图像、文本、视频、游戏等产品，都可以瞬间以信息的形式从地球的一端传递到另一端。

20 世纪 70 年代末，在日本出现了一系列以设计驱动的优秀电子产品，开启了一个新的消费时代。索尼的 walkman 就是这一时期的代表，他们秉承快速创新周期、卓越质量、全球出口等产业战略，投入了大量的资源去培训企业设计人员，并将设计作为企业业务战略的重要环节对企业高层管理者进行汇报。日本产品的全球化战略也迫使施乐（Xerox）、NCR、Unisys等欧美公司成立前瞻性的概念产品研究机构，将概念产品设计，作为企业发展战略的重要考量内容之一。

这种产品目标的转变——从人工制品的设计到系统、场景、交互和体验的设计——使得被狭隘地划分为工业设计、平面设计、室内设计和建筑的设计学科转化成了一种以研究、战略为导向的具有完善流程的设计学科。

这一时代，设计师的工作是将一系列新的设计方法和工具应用于产品、通信和环境的创新，还有更进一步的是，希望通过设计流程，为企业战略、风险规避、产品架构调整、组织绩效等诸多复杂问题提供创意解决方案。

（4）设计 3.0 时代

我们不能用现有的思维方式去解决问题，因为正是这个思维模式创造了今天的问题。——阿尔伯特·爱因斯坦

在设计的 2.0 时代，以产品为中心设计思想转变成了以人为中心；我们把设计从一项技法，转变成了一项过程；我们把设计师从专业化单一工作内容，转变成了跨学科的综合思考方式。这些诸多的特征都催生了一个设计 3.0 时代的革命性转变，那就是，设计思维的出现。按照 Tim Brown 的说法，"设计思维应该更少地关注物质，更多地关注设计思维，去创造一种足以改变世界的创新。"

　　而作为设计师，在热血澎湃地接受设计思维所带来的新变化的同时，我们也应该明白什么是要有意限制的。就像设计由 0.0 时代到 1.0 时代的变化，一方面要求设计师去掌握更多与匠人不同的专业化技能，但同时，设计师在手工艺、技法上的能力发展也确实是受到极大的限制。在今天，我们所要限制的，正是让设计变得如此重要的能力本身，那就是始于 20 世纪的，把设计作为消费主义的一种工具。

　　因为正如著名的全球高级领导者教练马歇尔·戈德史密斯（Marshall Goldsmith）教授所说，"今天不必以往。"设计曾经的价值创造方法，让企业、让用户都从中受益，而今天的设计师能够有幸将前人之总结，学习成为自身能力，进一步创造更多价值。但技术、社会、经济等环境始终是变化的，路甬祥院士将 21 世纪概括为人类进入知识网络的时代。他指出"人们更加依靠科技进步、创意创造、创新发展；将转向主要依靠清洁可再生能源；设计完善更安全便捷、高效智能的互联网、物联网、智能电网和交通物流网络；设计创造绿色智能材料、超常结构功能材料、可降解可再生循环材料；发展基于网络和大数据的协同智能设计制造与服务。设计进入依靠网络协同创意创造的创新设计——设计 3.0 时代。"

　　经历了设计 2.0 时代的成功，设计确实让冰冷的科技走进了人们生活的方方面面，从用户角度来说，设计驱动的科技变化，也让我们在各个行业都得到了更好的体验。但我们的确应该重新审视，究竟是什么让科技更加有用，这远不止好的人体工程学，将按钮放在正确的位置上，而是和文化与环境的理解有关，甚至发生于我们知道新的创意应该从哪里产生之前。

　　设计 3.0 时代，我们依旧从人类的需求作为起点，以原型、产品作为过程，至于终点，我们不再把消费主义当成首要目标，而是探索更多合作与参与的空间，将消费者与生产者之间的被动关系，转换为人人皆可参与的积极过程，完成一个对他们而言有意义、有效、有益处的体验。

　　我们也的确看到了很多在这方面的成功尝试，例如，除单纯地销售咖啡饮品外，星巴克还对员工价值与员工情感高度重视，如其副总裁霍华德所说"我喜欢把生意看成是一些志愿者的集合，他们只是在为企业的利益贡献自己的创造力。"因此，星巴克的每一位员工都是"星巴克伙伴"。而这种伙伴的氛围，也延伸到了顾客和工作人员之间，星巴克伙伴以一种朋友式的关系为顾客提供服务，这更是星巴克在数十年后的今天依旧充满着发展活力的原因。

　　除此之外，还有像小米这种从论坛中，与用户共同创造手机，再到与供应链厂商共同创造米家生态这种"参与感"的设计模式。

　　苹果直营店，更是以 2% 的录用率在全球招聘零售店的员工，销售奇才 Ron Johnson 主导的苹果零售店概念中推出提供专业技术支持的"天才吧（Genius Bar）"等独一无二的零售店服务体验。此举无疑是对设计 2.0 时代的一个革命性变化，按照 2.0 时代的目标，产品和零售人员会共同以销售为目标。这一流程中会发现，越是靠近客户端的角色，与客户之间的矛盾就越发激烈。所以在 2.0 时代，很多设计师会被零售人员批评过于理想化，而零售人员会被设计师批判为了销售额牺牲客户体验。而苹果直营店没有销售配额，员工也无销售提成。你永远不是在试图敲定一笔销售交易，而是为客户找到解决方案，找到他们的痛点。店员大部分工作时间都用于和顾客愉快聊天，从分享产品到旅行见闻。即使没有卖出一件产品，顾客满意度也能使员工受到嘉奖。和零售行业相比，店员薪酬水平还算不错，新的 specialist 工资约在 4000 元左右，外加一笔不错的福利，包括保险、健身报销等。店员们喜欢用三句话概括自己的工作：努力工作、享受乐趣、热爱苹果（Working hard Have fun Love Apple）。

总之，我们可以看到在设计 3.0 时代，创意不再仅仅是设计过程的产出物之一，而横向扩展到了应用设计过程的全部其他过程的目标。设计思维的一切立足之处来自改变，当一个人、一个时代、一个社会在改变的时候，我们需要新的想法、新的流程、新的解决方案。

设计思维给我的正是一种新的处理问题的方式，和传统的循规蹈矩的定义问题，在现有的方法中选择最恰当的方法相比，设计思维是去探索新的可能性、新的解决方案、前所未有的新想法，这才使得它在设计 3.0 时代尤为重要。

通过设计思维，把过程由设计师的手中，转移到更大的一个社群中，也是我们之前所做的参与式设计。我们把投资人、用户、设计师、工程师聚集起来，进行思考，每个人都可以作为设计思维的使用者。第一步，就是从提出一个好的问题开始。

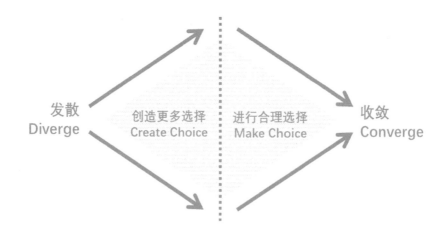

▲ 设计思维的简单图示

定义一件产品

功能不过是由发现者所做出的语意上的区别，功能并不藏于产品之中，而是在语言中。——古伊·邦西彭，1991 年

世界一直都在变得更加复杂，意义问题越来越多地转换到设计的前台，而传统"产品"的概念也是在不断变化的。今天设计者们关注的个仅是硬件（物体本身），还有设计软件，包括操作界面和使用环境的形式。一个产品可以是纯粹硬件的，也可以是纯粹软件的，或者是软硬件结合的。因此，从方法学的角度看，如何设计产品已完全不是问题；问题在于，应该设计哪种产品。

设计本就是一项不容易被定义的活动，而什么样的东西可以定义为是一件"产品"更是难以简单地通过文字来表述。也正因如此，产品和设计的组合才会带来如此多的可能性。我们很难定义，一件产品应该包含哪些方面，它的生命周期、制造工艺、成本、销售渠道、使用体验等，一件产品的组成有太多，而各个方面又并不是适用于全部产品，因此，我们几乎无法明确知道是什么建构起一件产品。我们甚至无法明确地定义某个产品方面是如何建构的，如何建构起它的生命周期，建构起它的市场等。

而用户视角下的产品，又是一个含糊的概念，它模糊了灯光、家具、图形、时尚及工业制品等产品的边界。而这种边界的消退，正如奥地利心理学家海伦妮·卡尔马森（Helene Karmasin）在 1993 年出版的著作《信息产品》中表述的，使知觉和物质的边界正在不断地逐渐消失，也使得产品迸发出了前所未有的生命力，产生了越来越多的交叉产品。如今天我们可以在本应是电子产品零售业务的苹果直营店，购买属于教学服务性质的课程、购买本应属于保险业务的 Apple Care，这是在信息产品时代之前难以想象的。

但即使如此，产品设计中依旧有一个通用的概念，就是以用户为中心。因此，设计师要掌握与人们的需求保持一致的方法，并满足他们，由此来划定过去、现在与未来的关系，从而面向未来创造产品。我们打一个比喻，加入设计是一种表达方式，那么产品就是一种用于交换的通货。产品作为通货产生了收入，由此，设计可以为商业中的投资带来回报，从而最终让产品在高度竞争的环境中脱颖而出。

今天的产品设计过程，则是根据设计思维，以绘图、草稿、模型、样机等方式来创造一个物品。并通过将这一过程扩展到该物品的生产、销售、售后服务中来最终使产品为用户实现价值。设计师在产品背后的特定的思考方式，将从数据、客户、终端用户中得到评价，并最终通过产品的购买和使用来达成交流。

在设计 3.0 时代，设计过程将更加自由，由更多在产品生命周期中扮演不同角色的人参与，融合更多的学科，自然产品的定义就会更加丰富，因此，我们需要一个能够面向未来设计的产品创意表述方法，用来帮助设计师定义一件产品，描绘项目的蓝图，这就是我们下一节要介绍的设计纲要。

制定创意纲要

今天的设计难以通过简单的一两句文字信息进行描述，一方面，很多设计都已经成了基于场景的解决方案，一个简答的功能已经不能够再适应所有的场景。例如，社交场景下，原本通过拨打电话即可解决全部问题。但是，毫不夸张地说，今天大多数人的智能手机里面用于社交场景的应用，绝不下十种，如电话、短信、iMessage、微信、微博、QQ、邮件、钉钉等，甚至除了专注社交的APP，很多诸如大众点评、抖音、B站这类门户或者内容网站也做起了面向社交的功能。因此，人们的需求变得复杂了，那么我们描述需求的方法自然也会变得复杂。

此外，随着设计 2.0 时代，设计对于商业的促进作用基本已在全球范围内得到认可，而从研发周期上来说，如果把设计流程前置，那么有可能会极大减少风险成本。具体而言，就是越来越多的企业发现，与其把产品做出来后，发现其不符合市场需求，再投入成本去营销，不如把这部分成本前置，在大规模投入研发之前，由专业设计师提出多种产品创意，并预先判断是否会适应市场需求，从而减少对没有市场价值的产品的研发投入。这就要求设计师还需要掌握战略思考能力、成本意识、风险预测能力、市场预判能力等。因此，设计提案中需要为客户阐述清楚的内容，也由单纯的造型方案，延伸到了关乎企业决策、用户需求、市场动向等方方面面。

最后，设计师作为服务的提供者，需要以同理心考虑设计方案相关的每个角色的需求，如客户、用户等。而随着技术和经济的发展，近年来可以看到越来越多的商业模式创新，因此，客户和用户的目标也会变得越发复杂。就像一个老年人手机的制造商，可能它的终端用户会是老人，而真正的消费者会是老人的子女，这件产品的销售渠道可能是电子商务网站，而推广渠道是老年人之间的社交圈。这些多样化的中间环节，使得一件产品的目标变得极其复杂，需要满足不同相关人的诉求。因此，设计师需要更谨慎地与客户和用户沟通设计方案的需求，来保证设计目标与客户及用户目标相一致。

在这样的背景下，每个设计师都需要有根据客户或用户需求，制定创意纲要的能力，通过创意纲要，将需求转化为实际可行的设计提案，总的来说，就是为设计项目提供框架及发展蓝图。由于项目背景的不同，因此纲要所涵盖的方面也应有所不同，我们在这里以一个相对标准的"产品设计纲要"作为模板，对如何制定创意纲要进行讲解。

（1）产品概述

产品概述主要描述通过理解客户及用户的需求后，你对整个项目的愿景，以及最终你的交付物是什么形式两部分内容。其中，愿景是对你整个创意纲要的概括，并同时确保你的想法与项目的决策者或产品的终端用户相一致，避免设计师的一厢情愿。交付物方面会根据项目的周期、预算、团队成员构成等方面进行选择，可以是草图、草模型、功能样机、产品原型、小批量试制、量产原型等。

(2) 创意目标

创意目标用来描述你希望通过创意解决的问题，并把它以简要的、可以理解的方式进行陈述，例如，调查发现大多数空气净化器的消费者都认为净化器体积与它的净化效率成正比关系，但这与工程实际不完全符合，因此，我希望设计一款体积小巧，但是能够让消费者认为它具有强大性能的净化器外观。这就是一个典型的创意目标，在一个设计简报或提案中，客户和用户往往需要在一件产品上赋予多个目标，而这一般是很难同时达到的。因此，有些时候，设计师需要借助如下图所示的雷达图，对产品的创意目标进行拆分，并将不同方案或竞品在各个目标上的表现以图形化的手法表达出来，再交由决策者去考量，在多个目标无法兼顾的情况下，对创意目标做出取舍。

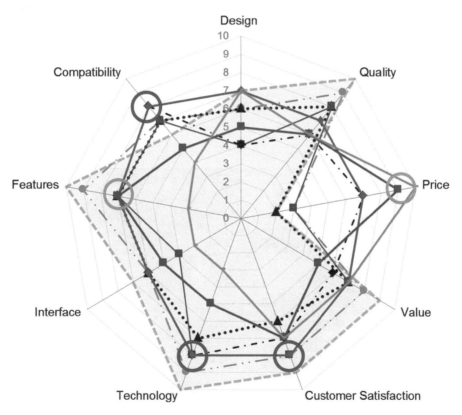

▲ 雷达图

（3）关键用户

关键用户指在这个设计项目中需要主要考虑的角色，他可能是产品的消费者，可能是最终的使用者，也可能是销售者。一般而言，在设计的学术领域中，对于"人"的研究，是所有设计师必须掌握的一项基本技能，与这项技能相关的学科，我们一般称之为"Design Ethnography"，这一词语在国内有诸多译法，我们在这里称之为"设计人种学"。利用设计人种学的知识，我们可以对自然社会中的人进行研究，并结合定性和定量的方法叙述特定社会系统中的社会生活和文化。我们可以用深入观察、非结构式访谈、案头研究、影子调查等诸多方式对关键用户进行深入理解，并利用"人物模型"将关键用户建模，得到类似图中所示的对关键用户的表述。

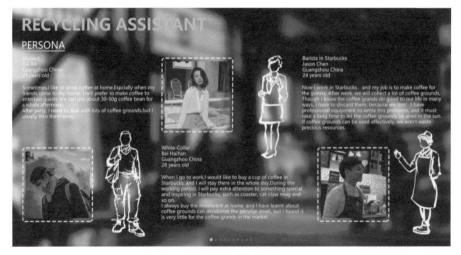

▲ 设计方案中的人物模型

（4）关键功能

在今天，无论是生产者还是消费者，都希望一件产品中能够融入尽可能多的功能。从企业角度来讲，一件产品的功能越多，就意味着能够覆盖越多的消费者，那么可能带来的销量就越大；而从消费者的角度来讲，一次消费购买的产品具有的功能越多，那么这件产品能满足的需求就越多，也就意味着能够节省购买其他产品的开支。但是实际情况往往事与愿违，我们看到有些功能的结合使得产品的易用性极大降低，甚至影响到其原有功能，而消费者面对多功能合一的产品时也会考虑，有些功能并不是我需要的，但是这件产品中却包含了这些功能，那是不是意味着这部分的钱就白掏了呢。因此，在设计阶段生产者疯狂地添加功能，而在购买阶段，消费者却并不会单纯因为某件产品比另一件产品多了什么功能而选择它。这两者之间的矛盾需要设计师去决策和平衡，就是选择产品的关键功能，即能够为用户创造核心价值的功能。

这一点可能很多人难以认同，甚至有一些数据可以证明功能的叠加能够促进销售，但是过于复杂的情况不利于我们去理解事物的本质，因此这里我们用一个极端的案例来表述关键功能与附加功能之间的差距。就像图中所示的再平凡不过的牙签，很多人都是在用了几十年后，才第一次意识到，原来牙签的尾部还能作为牙签托使用。那么这就意味着，这个功能并非牙签的关键功能，而在大多数消费者并不了解这一附加功能的情况下，这款牙签依旧畅销。那么就意味着，其实在真正的关键功能面前，附加功能并不会对消费者的消费决策产生很大影响。因此，设计师一定要意识到关键功能对于一个产品的重要性，每个方案的设计，都要保证至少有一个让人毋庸置疑的关键功能来为用户传递价值，切忌附加功能的盲目叠加，而忽略了关键功能。没有关键功能的产品是无法成立的。

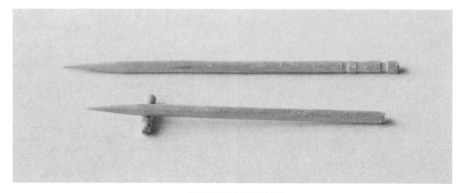

▲ 能够拆解出牙签托的设计

（5）渠道

　　渠道经常在产品创意阶段被设计师忽略，然而它却是决定产品创意能否获得商业成功、能否创造用户价值的关键要素之一。通过图中两个渠道环节的最终端对比，即可看到渠道为产品带来的影响甚至可能远高于设计。产品通过生产、运输、经销商等诸多环节后，最终陈列在了图中所示的货架上，呈现给消费者。而不同的货架，显然会为产品带来不同的效果。外观简洁、设计精良的产品，更适合左图中的环境，大面积的留白为产品与用户之间创造了足够的空间，以供消费者体验产品。空旷的周边也使得消费者视野内不存在竞争产品，因此决定产品能否成功销售的主要原因，就是产品本身的功能、体验是否满足消费者的预期。右图所示的货架琳琅满目，消费者可能无法看完每一件产品，就需要进行决策，因此，更抢眼、性价比更高、比同类有显著优势的产品更能获得消费者青睐。对比两种不同货架对产品的影响，我们就可以理解，渠道对产品设计能否成功的影响极其重大。因此，为了保证设计方案的成功，设计师需要在纲要中考虑渠道因素，从而进行产品设计。

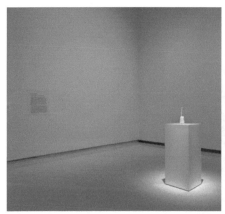

▲ 产品货架的对比

（6）终端场景

在产品生命周期中，终端场景往往是渠道后面的一个环节，即交予终端用户直接使用的场景。这里的场景强调的是以产品视角描述的场景，即这件产品会在什么环境及语境下出现。终端场景的思考中包含很多元素，如自然环境、社会环境、终端用户、周边相关产品等，都有可能对产品的设计产生影响。一些关键功能，可能在某些终端场景中并不存在，就像移动电源这样的功能，在办公室中可能并不会产生用户价值，因为每个人桌面上都有不止一根充电线或无线充电器。因此，当充分考虑到多样化的终端场景后，我们往往可以通过创意，为产品的关键功能创造更多用户价值。图中的 thinkplus 口红电源，就通过为移动电源增加充电插头将移动电源在办公、居家等具备有线电源场景下的移动电源功能进行了扩充，从而满足了更多的终端场景。为了保证产品功能和用户价值的成立，设计师需要在创意纲要中尽可能多地梳理终端场景。

▲ 能够适应不同场景的thinkplus口红电源

（7）设计语言

设计语言能够奠定一个设计师的个人风格或一个企业的产品风格，在汽车设计中设计语言的应用尤为显著。就像大众所形容的套娃设计，我们可以看到，大众车型中从十万元的速腾，到几十万元的辉腾，它们身上都有着非常一致的设计语言。一份好的创意纲要中同样要明确表达出产品的设计语言，因为这将决定这件产品是否符合客户或者用户心中的美学价值。设计师需要表述，你即将设计的产品，它是粗糙的、坚硬的、复古或是干净简介的？你期望使用哪些材料？并且指出一些你的意向图，把它制作成如图所示的意向板，用来与客户或用户确认，这些是否是他们想要的产品设计语言，这可以有效避免设计师把个人审美偏好强加于产品之上。并且意向板也会指导设计，从中可提炼一些特征在新的产品上进行延续，例如形状、色块、材质或线条等。

（8）产品策略

正如我们所看到的，大多数公司的产品，都会分为多条产品线，就好像同样是轿车，奔驰会将它们分为 A、B、C、 E、S 五个不同的级别，而在每个级别中，又会分为不同配置。这背后其实就是一种产品策略，为了在不同的消费者中都能获取一定的市场份额。而一个成熟的设计师，一定要懂得如何去制定产品策略，这一点无论对于客户还是用户都是极其重要的。因为你会发现，消费者的需求是千人千面的，所以设计师所进行的不应该是一件产品的设计，而应该是一个产品矩阵。以某一件产品为中心，扩展出一系列产品，来适应整个市场中的不同需求。当然，有一些

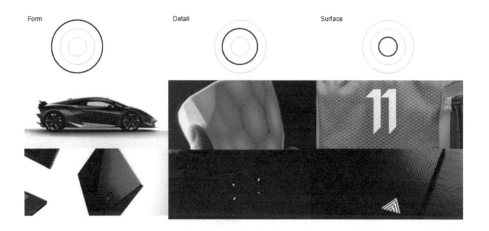

▲ 设计语言的意向板

极其优秀的产品，是可以依靠爆品策略成功的，像 iPhone 和早期的小米手机以及可口可乐等，它们都是只推出一条产品线，但是往往这条产品线需要具有相当的普适性，这也是产品策略的一种。创意纲要中的产品策略更多的是对产品定位的一种表达，你需要通过产品策略，提出一条明确的商业化道路，来保证你的设计能够带来持续收益，而不单单是生产和销售单一产品。一件好的产品，都应该具备战略性，这意味着，这件产品的成功会带来一系列未来的潜在价值和机会，这就是产品策略所包含的内容。

▲ 产品系列

（9）竞品分析

　　和产品策略不同，竞品分析更多的是寻找市场机会，通过对直接竞品和间接竞品的分析，对用户评价的采集，将现有产品和用户需求之间的关系进行梳理，从而找到市场空缺，并针对这一空缺进行创意纲要的陈述，用来证明你的设计方案能够带来的价值。当然这是理想的情况，而设计上在类似今天的市场环境下，大多数产品是供大于求的，因此也很难找到巨大的市场机会，那么竞品分析往往能够帮助我们确立产品优势。通过对现有产品不足之处的洞察，找到痛点，从而进行提升。除此之外，设计师一定要重视竞品分析，因为作为创意工作者，我们很容易陷入过度信任自身创造力的怪圈。我们应该客观看待自己的创新能力，在进行严格的竞品分析前，对于一些新想法，一定要坚持我们并不是第一个想到的人，之所以市面上见不到这样的产品，一定意味着想法背后有不合理性。因此，本着这样的精神写出来的创意纲要，才会被大多数人认为是值得信赖的。

创意的价值

企业有且只有两个功能——营销和创新——现代管理学之父：彼得·德鲁克
（"Business Has Only Two Functions–Marketing and Innovation" ——"the
founder of modern management"：Peter Drucker）

相信到这里，看到了如此多的创意背后的思维模式，大家一定跃跃欲试，想把这些东西一股脑地全部用在产品中。但是，先别急，看完这节，再去着手。这节将告诉你，如何通过创意传递价值。首先要澄清一个观点：创意，不是设计师的专利，从第一个原始人发现石头、木材可以作为工具使用的那天起，就可以确认创造力是人与生俱来的能力。尽管如此，设计师却在创造力方面有着某种特权，那就是设计师能够为创意赋予价值。在合作的项目中，设计师会得到每个人的"建言献策"，这与其他工作非常不同。你不会看到一个项目经理在正在编程的工程师身旁指手画脚，但却可以看到他指着设计师的草图滔滔不绝，相信很多设计师并不欢迎这种"优待"。但我认为，这恰恰是体现设计师价值的关键所在，正由于创造力是每个人都有的能力，因此以创造力为生的设计师，才更应该在这方面有着显著竞争力。因为与其他人相比，设计师能识别出有价值的创意，并将其应用到适当的场景中。

如同郭德纲经常在相声开场时对观众说的一段话，"你也会说话，我也会说话，你花钱听我说话，这就是高科技了"，这里面作为包袱出现的"高科技"一词，其实就是指相声演员语言艺术的魅力所在。同样，作为设计师，你也有创意，我也有创意，你花钱找我买创意，那就意味着，要用我的专业性，证明创意的价值。这就是本节讨论的主题——创意的价值。

对于产业的价值

设计和创意产业，由于隶属于第三产业，且业务模式多样，不易衡量。因此，本文引用某一个具有代表性的小样本数据来说明创意价值中的产业价值部分。我们通过上海市经济和信息化委员会关于印发《上海创意与设计产业发展"十三五"规划》中的第一大部分"'十二五'发展回顾"中的文化创意产业规模增长数据可以看出，上海市自从 2012 年围绕"设计助力产业转型"以来，走上了高附加值的新型工业化道路，产业规模也得到了显著提升。2015 年全年实现总产出 9451.6 亿元，同比增长 4.4%；实现增加值 3028.44 亿元，同比增长 7.6%。这一规模相当于上海市第三产业增加值比重的 17.9%，GDP 比重的 12.1%。而其中，有超过 45% 的规模来自"创意与设计产业"，按照原文中的描述，创意与设计产业已经成为上海重要的支柱性产业，也成为"创新驱动发展、经济转型升级"的重要力量。

以上海为例，不难看出创意与设计带来的显著的产业价值。上海作为目前设计创意产业的先头部队，让我们看到了创意设计引领的光辉未来。对于大多数还没有决定是否投入这一产业，或持观望态度的人来说，如何在没有数据支持的前提下快速界定自己今天所处的位置？这里引入设计阶梯（Design Ladder）帮助大家看清自身所处环境下的创意设计产业现状。

设计阶梯是由丹麦设计中心于 2001 年开发的，作为一种交流模型，起初用于说明公司对创意设计应用的变化。同样，作为一个宏观调研的结果，也可以用这个概念从侧面反应产业中创意设计的应用。设计阶梯将大多数企业对设计的应用分为四个等级，级别越高，企业能够通过设计带来的收益就越高。设计带来的收益越高，就意味着高附加值和产业发展中创新驱动的力量越大。因此，在一个产业中，位于阶梯高处的企业越多，那么这个产业所具有的设计附加值就越高，也就意味着产业具备更高的附加值和创新驱动力。

▲ 设计阶梯

第一层：设计缺失

产品开发中不注重设计环节，设计任务被委托给非设计专业的人。评估设计的标准仅围绕着功能和审美，用户的需求和观念在整个过程中几乎没有任何作用。

第二层：设计作为造型

设计作为形式赋予设计被视为最终的形式赋予阶段，无论是与产品开发还是平面设计相关。许多设计师对此过程使用术语"样式设计（Styling Design）"，有时候会由专业设计师执行，通常是由具有其他专业背景的人员完成。

第三层：设计作为流程

设计作为一种工作方法，作为项目早期的工作内容。解决方案由问题和终端用户的需求驱动，需要各种技能和能力的参与，例如过程技术人员、材料技术人员、营销专家和行政人员。将设计视为一个具有复杂性、多学科交叉背景的流程。

第四层：设计作为战略

设计师与公司的所有者及管理层合作，全面或部分地重新思考企业业务。成为解决商业问题的创新手段，融合公司愿景和使命，让客户在产品、服务、战略等多个方面受益。

之所以引用丹麦商业管理局的观点，是因为对于丹麦而言，设计是文化和体验经济的核心要素，是丹麦主要的经济增长领域之一，占其国内生产总值的 5.3%。在这一调查发布的前十年，丹麦设计行业实现了 20% 的年增长率。这样的发展速度在丹麦企业和行业中构成了一种观念，"设计是有回报的，与不使用设计的公司相比，采用综合设计方法的公司赚了更多的钱，创造了更多的出口。"

从数据来看，丹麦公司每年投资 70 亿丹麦克朗用于购买设计服务，其中 50 亿用于企业外部，20 亿用于企业内部。而这些投资了设计的公司五年来的收入累计比没有进行设计投资的公司高出 580 亿丹麦克朗，这相当于其总收入增长值的 22%。我们可以看出，产业价值的背后其实是对企业业务增长的直接促进。因此，我们来进一步讨论创意和设计对于企业的价值。

对于企业的价值

如现代管理学之父彼得·德鲁克所说，"企业有且只有两个功能——营销和创新"，从这句话中可以看到创意对企业的价值是毋庸置疑的。尽管如此，当聚焦到某个个体的时候，它的价值却又难以量化。例如，设计所面对的任务，往往是诸如重塑品牌形象、吸引目标人群和为产品带来创新等，这些很难量化。因此，当讨论创意对于企业的价值的时候，更倾向于从企业家口中直接得到结果，而非从定量的数据中。美国管理协会 (AMA) 和人力资源研究所 (HRI) 在 2006 年进行的创新调查中，针对 1396 位来自全球的企业管理者们进行了访问，用来评估创新对企业的价值，本节将基于此数据展开陈述。

数据显示的结果与彼得·德鲁克的观点相吻合，68% 的受访者认为创新对于他们的企业是"极其"或"非常"重要的，而当要求受访者思考十年后的可能性时，这一数字提高到了 86%。可以看到，几乎在每个人对企业未来的预期中，都肯定了创意的价值和重要性。

从设计师的角度，还需要了解究竟是什么原因促使这些企业家认为创新是有价的，因为这是体现设计创意价值的关键所在。

从下图数据中我们可以看到，在排名前 6 的上榜理由中，第一位是"回应用户需求"。将"回应用户需求"作为第一位并不奇怪，因为类似的调查结果也在其他调查中得以验证。 2004 年美国经济咨商局 (The Conference Board) 对主要来自美国和欧洲的 100 家公司进行的一项研究发现，这些公司在 2006 年的创新目标之一就是客户因素。超过七成的受访者认为以下目标非常重要，通过新流程提高用户满意度 (79%)，提高现有用户的忠诚度 (73%)，以及确定新的用户群 (72%)。与用户驱动的创新相比，有趣的是，作为产生创新需求的原因之一，"开发新产品 / 服务"这一条不仅低于"回应用户需求"，更低于"提升运营效率"和"提高利润率"。换句话说，创新本身并不是企业的根本目标，创新服务于更大的商业目的，这与前面所说的设计 3.0 时代对创新的诉求不谋而合。今天，企业依旧将设计和创意看作其商业工具，尽管如此，客户却始终是企业需求的第一推动力，而设计 3.0 时代所迎合的，正是以人为本，人人参与的设计时代。因此，为了体现设计和创意的价值，设计师需要走在企业家前列，率先捕捉到技术、经济、社会变化为消费者带来的需求的转变，并快速地找到新的解决方案来适应这种变化，从而帮助企业顺利应对客户需求的变化，为企业和用户创造价值。

在组织内追求创新的理由	今天	十年后
回应用户需求	1	1
提升运营效率	2	2
提高利润率	3	3
开发新产品/服务	4	4
增加市场占有率	5	6
更好的应用新技术	6	5

▲ 在组织内追求创新的理由

数据来源：AMA/HRI Innovation Survey 2006

对于用户的价值

我相信创意对于用户的价值是不言而喻的，每个人都希望购买到拥有更多创新科技、更优秀产品质量、更多新功能的创新产品。正如每个工业设计师协会 IDSA，在 2004 年所做的"影响力和展望-企业设计集团研究"中所显示的，尽管创新设计会增加24%的产品成本和32%的产品售价，但它却带来了 47% 的销量增长。从表面上看，这组数据是一个让企业家开心的数据，因为，它显示了创新设计的高投资回报率。但我从中看到的是，消费者对设计创意价值的认可，消费者宁可付出平均增加了 32% 的价格，也愿意购买经过优良设计的产品。因此，从需求方，可以明显地看到用户对创意价值的认可。

企业对用户需求的关注，催生了一直延续至今的设计 2.0 时代的指导思想——以用户为中心。这造就了一个极端用户友好的时代，每个企业家都在强调以用户为中心，每个产品都必须具备良好的用户体验。因此，企业每一笔用于创新和设计的投入，都在为用户创造着价值。从供应方的角度，也能够明显地看到企业对通过创意设计创造用户价值的重视。

除了这两种，在调研中还发现创意对用户的第三种价值，就是亲自成为创新者。很多用户由于不甘于一些产品中的设计缺陷，或无法在市场中找到满足自己某一需求的产品，而亲力亲为，加入了设计创新流程。这有很多种表现，例如在前面一再提出的，在设计 3.0 时代的用户参与式设计，让用户直接表述自己的创意，将需求传达给企业，并最终使产品能够更加符合自己的预期。另一种方式，就是对产品功能的创造性使用，例如下图就是用户通过自己的创意，将蝴蝶夹变成了一个桌边集线器，从而使产品进一步创造价值，服务于用户。因此，创意并非设计师的特权，一个拥有创造力的用户，同样可以受益于自己的创意。

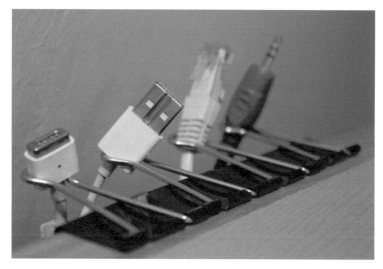

▲ 将蝴蝶夹用作集线器

对于设计师的价值

在普华永道 2009 年对全球 246 位 CEO 进行的研究"释放创新的力量"中显示，64% 的受访者认为，在企业的成功因素中，企业的运营与创新同等重要。因此，对于设计师而言，通过优秀的创意是可以为企业创造成功的，这也就保证了设计师的工作能得到充分的认可。下面从不同层面来看创意为设计师带来的价值。

（1）设计流程中的价值

设计师都有一套完成设计的步骤和流程，这来源于他们的实践经验。在与客户、用户、工程师等不同角色的合作中，他们会采用类似的方式和方法以保证最终高质量的设计方案，尽管这些流程不尽相同，但本质是相似的。

这里采用一个相对普遍的设计流程来阐述创意在其中的价值，我们以 IDEO 的"设计思维教育工作者"工具包中描述的流程为例。我们经常会在各种设计流程的图形化表达中，看到如下图所示的先发散，再收敛，再发散，再收敛的一个或多个重复。要想将创意有效地应用于流程中，首先要保证，将创造力运用在恰当的时间段，那就是所有设计流程中的发散阶段。创造力可以保证设计师找到足够多的可能性，在创意方面，数量是一切质量的基础，也可以认为创意是一个好的设计方案的基础。

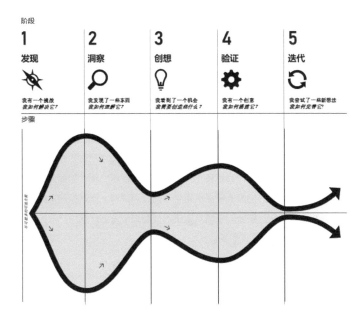

▲ 设计流程图

(2) 设计战略中的价值

设计一词源于拉丁语，动词"designare"，翻译为"determine（决定）"，所以说，设计更像是一种决策。显然，现代设计在战略中的应用，与其词源有着某种关联性。

现代商业策略之父，乔治·斯坦纳（George Steiner）在 1979 年出版的《战略规划》一书中，将战略描述为应对竞争对手现阶段与未来行为的商业手段。其对战略的概括如下："企业顶层管理组织的重要性，目标与任务是组织发展根本的、方向性的决策，包含具体而详细的行动方针"，回答了"组织应该做什么"的问题，回到了"目标是什么，如何实现"的问题。总而言之，差异化是战略的本质。

显然，说到这里，我们就可以明确地看到创意能为设计战略带来的价值，这就是创意可以施展的空间。在 1996 年的《哈佛商业评论》中，迈克尔·波特认为竞争战略的本质是"差异化"，并且这正是设计的核心焦点之一。竞争战略意味着使用差异化的策略与传递出独特的企业价值。相对于企业的竞争对手，企业要么拥有自己独特的定位，要么在相同的定位下，使用不同的执行方案。而设计师，恰巧就是扮演了通过创意，为企业寻求不同执行方案的角色，这就意味着，设计战略可以帮助企业打败竞争对手。而创意对于设计师的价值，则是帮助设计师找到更多设计元素来满足客户和用户，将商业语言与商业行为转化为设计语言和设计行为，并最终落实到产品中。

(3) 设计美学中的价值

设计美学往往是在提到设计时，多数人联想到的第一感受，大众对设计默认的定义是"风格"，也就是产品的外观。由于风格中不得不混入设计师的偏好，因此客户和用户看待设计美学的态度也有所差异，有积极肯定，也有消极排斥。

因为，设计师的影子与产品美学目标之间或多或少会存在着冲突。充足的创意，可以帮助设计师寻求到大量的美学表现手段，在足够多的美学符号中寻找与产品美学目标相一致的设计方案就会变得更加容易。与产品美学目标一致的是合理而有效的设计美学，可以引起消费者与设计之间的共鸣，从而创造一种情感连接，这种情感连接往往能够带来商业上的直接成功。这就是为什么大家会根据泡面包装上的图片选择购买哪一种，尽管这些图片与泡面之间的相似度微乎其微。

我们可以这样理解美学设计流程，设计师的日常工作就是把物质世界和信息解码，再重新编码后传递出去，这个过程就是把客户目标转化为目标人群的需求，把一些抽象的东西具象化。因此，对于设计师而言，足够多的创意能够提供足够多的编码素材，而越多的素材，就能保证编码的多样性，也就意味着能够从足够多的编码方案中，找到更适合客户或用户对美学目标预期的设计方案，这就是创意对于设计美学的价值。

创意的评价

我们一再强调创意的价值，对企业的重要性，创新对于从事设计行业的我们来说，似乎是天经地义的事情。于是，当我们遇到一些对创新不重视的合作方时，我们时常会抱怨，但如果用同理心换位思考的话，不难发现，尽管创意和设计的价值得到了业内外的一致认可，可是对于愿意为创意投资付费的企业家或用户而言，他们似乎缺乏一种对创意所带来的价值的定量评估手段。将近一半 (48%) 的 AMA/HRI 受访者表示，他们"没有一个标准的流程和策略来评估创意、想法"。这种价值评估方法的缺乏非常容易导致创意的价值得不到应有的认可，以至于在美国管理协会的报告"全球创新管理研究 2006-2016"中显示，被调研的企业管理者们认为所有他们采取的创新举措中，整整 96% 的项目至少未能达到投资回报目标。因此，创意固然重要，但创意的评价标准同样需要设计师们予以重视。我们在这里从不同的侧面，为设计师提供可以向客户或用户证明自己创意价值的评价标准作为参考，具体到不同项目，设计师还需要根据不同的关注点来调整对应的价值评价体系。

设计标准

对于设计创意的评价方式的讨论一直在持续，因此，我们第一个讨论的就是设计领域的评价标准。尽管不能以某一个通行标准评价一切设计，但依旧可以找到一些比较通用的理论。我们这里就以被很多人奉为设计的至高准则的"设计十诫"作为设计标准，这十条标准用来评价好设计的标准由迪特·拉姆斯（Dieter Rams）于 20 世纪 80 年代提出。

（1）好的设计是创新的。（Gutes Design sollte inovative sein.）

（2）好的设计是实用的。（Gutes Design macht ein Produkt brauchbar.）

（3）好的设计是唯美的。（Gutes Design ist ästhetisches Design.）

（4）好的设计是让产品说话的。（Gutes Design macht ein Produkt verständlich.）

（5）好的设计是谦逊的．（Gutes Design ist unaufdringlich.）

（6）好的设计是诚实的。（Gutes Design ist ehrlich.）

（7）好的设计是有持久生命力的。（Gutes Design ist langlebig.）

（8）好的设计是细致的。（Gutes Design ist konsequent bis ins letzte Detail.）

（9）好的设计是对环境友好的。（Gutes Design ist umweltfreundlich.）

（10）好的设计是极简的。（Gutes Design ist so wenig Design wie möglich.）

而随着技术的发展，设计师不得不去用创意和设计解决一些更加棘手的复杂系统的交互问题，因此尽管迪特·拉姆斯的定律依然成立，但今天的设计师不得不在一些先决条件下，遵守他的定律。而针对一些新的交互设计，我们这里引入雅各布·尼尔森（Jakob Nielsen）的启发式可用性评估原则，作为设计标准。可用性毫无疑问是衡量交互设计好坏的一个非常重要的标准，尼尔森的可用性测试标准之所以叫作启发式评估，是因为它是一个广泛的经验法则，而非可用性测试的指南。这一点与迪特·拉姆斯的设计十诫相一致，因此可以作为这个原则在交互类产品上的良好补充。启发式可用性评估原则，也包含十条。

（1）系统状态可见（Visibility of system status）

系统应始终在合理的时间内通过适当的反馈向用户通知正在发生的事情。

（2）虚拟系统与现实世界相匹配（Match between system and the real world）

系统应该使用用户熟悉的单词、短语和概念，而不是面向系统的术语。遵循现实世界的惯例，将信息更自然和富有逻辑地呈现。

（3）用户可自由掌控（User control and freedom）

用户经常错误地选择系统功能，需要一个明确标记的"紧急出口"以离开不需要的状态，而不必经过更多的系统会话，系统应支持撤销和重做。

（4）一致性与标准化（Consistency and standards）

不应该让用户思考不同的单词、情境或行为是否意味着相同的事情，而应提供一套用户可遵循的系统平台中的惯例。

（5）错误预防（Error prevention）

比准确的错误消息更有效的是精心的设计，可以防止问题发生。要么消除容易出错的情况，要么系统自动检查信息，并在用户提交操作之前向用户显示确认选项。

（6）识别而非记忆（Recognition rather than recall）

通过使对象、操作和选项可见，最大限度地减少用户的认知负载，这样用户就不必记住从对话的某个位置到另一个位置的信息。在适当的时候，系统的使用说明应该是可见的或易于检索的。

（7）灵活性与效率（Flexibility and efficiency of use）

系统可以满足新手用户，也可以满足熟练用户和高级用户的定制化需求。允许用户自定义某些高频操作，提高用户交互效率。

（8）美观而简约（Aesthetic and minimalist design）

会话中不应包含不相关或很少需要的信息，在段落中每增加一个单位的重要信息，就意味着降低了其他信息的可见性。

(9) 帮助用户识别、诊断和修复错误（Help users recognize, diagnose and recover from errors）

错误消息应以简明语言（而非代码）表示，准确指出问题，并建设性地位用户提供解决方案。

(10) 帮助文档和使用手册（Help and documentation）

即使系统可以在没有文档的情况下运行良好，但你可能仍需要提供帮助文档和使用手册。任何此类信息都应易于搜索，关注用户的任务，列出要执行的具体步骤，避免过于冗长。

商业标准

除了以设计标准评判外，我们一再强调设计师经常需要忙于在客户或用户心中建立起对自己的信赖，让他们认为设计方案本身是具备价值的，或是设计师本人具有价值。假若设计师善于运用商业管理标准来衡量自己对于客户和用户的贡献，那么就不会因优良的设计得不到合理的评价和认可而困惑。

针对于此，许多国际设计组织，如英国设计委员会、丹麦设计中心、美国设计管理学院，都进行了大量的案例研究，希望能够有助于设计师对自己设计方案的商业价值进行衡量。总体而言，我们可以以将衡量方法分为定性和定量两大类设计评价手段。

定量方法：流程改进、成本缩减、原材料减少、市场接受度等。

定性方法：消费者满意度、品牌信誉、审美吸引力、功能改进等。

与衡量创新和创造力相关的指标	排名
客户满意度	1
市场占有率	2
新产品/服务/流程的产生	3
员工所提交的创意对营收带来的影响	4
创新在利润和营业额中所占比例	5
在研发中的投入	6
新产品或部门的孵化	7
知识产权（如，专利数量）	8

▲ 与衡量创新和创造力相关的指标排名

数据来源：AMA/HRI Innovation Survey 2006

除了掌握对创意和设计的商业评价手段外，我们还需要清楚企业的管理者或客户希望设计创新能够为他们带来什么，尽管我们提到过，在 AMA/HRI 的报告中发现有近一半 (48%) 的受访者认为他们"没有一个标准的流程和策略来评估创意、想法"，但我们依旧可以从他们认为可以衡量创意极其影响的方式中，看到他们对于评价创意的商业标准的一些想法。

正如我们前面引用 AMA/HRI 调查中的其他部分显示的，"客户满意度"依然是排名第一的创意评估方式。但值得注意的是，我们发现知识产权（如专利数量）与创新的相关性竟然低于新产品发布、市场占有率、研发开支等实际业务相关指标。

而在一些其他的研究中，我们也发现，尽管企业管理者普遍认为缺乏创新的衡量标准，但是在一些定性的调查中，他们却各自表达出了极其丰富且差异较大的创新衡量手段。例如，"A 2004 Conference Board study"发现"员工每年的创意提交总数"、"创意实现的比例"、"专利和研发费用占销售费用的比例"等都是企业根据各自的行业、经营状况、人员组成情况，来进行创新评估的手段。

鉴于此，设计师需要时刻关注，从商业标准来看，创意并非是不可测量或没有标准的。我们更应将它理解为一种，没有统一标准，且根据不同客户或用户视角评价标准差异极大事物。因此，我们需要深刻理解客户和用户对于设计创意的评价标准，从而保证我们的设计能够在相应的评价体系内得到认可。

设计竞赛

尽管各种研究都表明设计的确是缺乏评价标准，但前面强调的其实一直是绝对标准，而相对评价标准却一直是人们用以评价设计的重要手段。例如无法确定一件产品设计的好与坏时，往往可以通过与另一件产品的对比来得到答案。

最为常用的相对评价手段，就是设计竞赛，如今红点奖、iF 奖、IDEA 等设计大奖已经突破了设计领域为更多人所了解，但人类历史上以竞赛方式评价设计的先例却可以追溯到公元前。在公元前 448 年的雅典卫城战争纪念馆的设计中，雅典议会就举办了一场设计竞赛，要求艺术家和设计师们提交提案。

由于竞赛可以极大地鼓励创新，因此，设计竞赛也一直作为一种有效的设计评价标准为人类创造优秀的建筑，如 1418 年的佛罗伦萨大教堂设计竞赛、1792 年的白宫设计竞赛等。

而随着工业化的进程，更多的工业产品得到普及，设计竞赛也随之蓬勃发展，大约在 20 世纪中期，一些设计机构开始组织年度比赛，这些比赛在后来成为著名的赛事。

1953 年，IF 产品奖以"优良设计的工业产品特别展"的名义开始举办，作为汉诺威工业博览会的一部分，以突出德国设计为目标。1954 年，Compasso d'Oro 在意大利开始推广意大利设计。1955 年，红点设计奖以"优雅工业产品的永久展"开始启动，以突出最佳德国设计。

1957 年，优秀设计奖在日本开始作为"良好的设计选择系统"，以改善日本设计和促进工业的进步。1958 年，澳大利亚设计奖开始推广澳大利亚设计。1963 年，D & AD 奖以"英国设计与艺术的风向标"为名，致力于推广英国设计与艺术。直到近年来中国的红星奖、韩国的 K-design、意大利的 A'Design 等越来越多的设计竞赛在全球各地进行着，以促进设计的发展。

现在，大多数这些比赛都是在国际层面组织的，因此这些奖项可以在全球范围内享有盛誉，这一点对于参赛设计师而言也是尤为重要的。

今天的设计奖项的模式也越发丰富，除了提高对获奖者的关注外，设计奖项也对赞助组织方进行了正面的展现。今天，设计奖项已经成为市场环境下重要的公共关系工具，它们对于初创时期的设计师和公司特别重要，因为它们提供了使他们的作品品质得到中立权威判定和认可的机会，尤其是那些大型的、国际性的竞赛。

但设计竞赛近来也引发了诸多争议，随着时代的变化，我们也的确需要认真审视，优质的设计竞赛为了保证公正，其从注册到出版都已经通过互联网平台由参赛设计师支付比赛的运营所需费用，一些奖项标识的使用也是收费的，这也使得更多的奖项组织者出现，更加积极地创造新的奖项。那么这就带来了一个问题：获奖者与奖项之间是否是一种购买关系？相信随着我们的逐步努力，这些问题都会慢慢找到答案。但在得到答案之前，设计师依旧要积极地参加设计竞赛，用来验证自己的设计方案，同时增强个人和设计的社会影响力。

教学案例

本书总结的创意方法，从 2014 年的红星奖获奖到成书，已经打磨了四个
年头。在清华美院、北航、北工大等高校的多位老师与学生的尝试和努力
下，也积累了一些利用这些方法进行创意和设计的教学成果。

这里列举 2018 年北航机械工程及自动化学院工业设计系尹虎副教授，针对本科大三学生所
开设的产品概念设计实践课中，运用本书中的方法制作的教学案例，结合学生记录的设计过程说明，
并辅以作品点评，供读者对本书内容的实际学习效果进行交流与讨论。

本次课程针对的是北航工业设计系本科大三的全部学生，共计 30 人，按照 2 人一组进行项
目设计，最终提交设计方案 15 个，学生所选项目主题均来自联想实际课题。最终 15 个项目中，
有 14 个参与了企业汇报，10 件作品获得了专利授权，其中包含 3 项外观专利、3 项实用新型专利、
8 项发明专利，共计 14 项。

下面结合本书需求，摘取不同方案中最能突出设计价值的部分进行实例讲解。

教学案例一
为目标用户而设计：酷咔手机拍立得配件设计
指导教师：尹虎、张印帅
设计者：王旭东、邓海威
运用公式：← | 扩展产品功能 | →
这组设计师从手机配件课题出发，在设计前期，选题目标是希望利用公式 5，将手机现有的
功能设计为可拼合的配件，从而实现某些扩展功能。而扩展功能具备用户价值的基础，是对目标
用户的了解，因此设计者通过下页图中所示的目标用户需求探究过程，进行了系列研究。

▲ 用户需求探究过程

　　在调研中，设计者洞察到了一组非常特殊的市场现象。那就是，随着智能手机的出现和功能的日益完善，很多原有功能已经被覆盖到智能手机中的电子产品，如 MP3、收音机和相机的销量都开始极速下降。但是，有一类产品的数据却呈现明显的逆势增长，那就是拍立得。这款产品从1948 年推出至今，已经拥有逾 70 年的历史，但销量却依旧强劲。消费背后往往隐藏着最真实的用户需求，因此，设计者开始进行深入探究。与拍立得关系最为密切的手机配件就是照片打印机，并且很多拍立得厂商，诸如富士、宝丽来也都推出过照片打印机，可是从销售数据及消费者的关注热度来看，与拍立得比差距显著，这进一步引发了设计者的好奇。于是，设计者通过进入拍立得爱好者群，搜集电商评论，对线下零售店销售人员进行访谈等途径，开始探究目标用户对拍立得产品的真实需求。

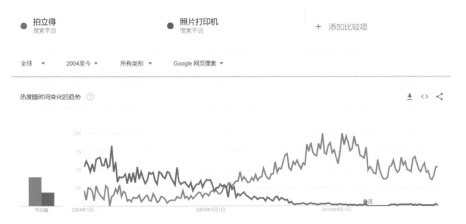

▲ 拍立得与照片打印机检索热度对照

在调研结果中，与照片打印相比，拍立得的目镜取景，是目标客户所关注的拍立得产品真正不可替代的用户价值。这样的用户诉求也印证了相同品牌的拍立得和照片打印机销量悬殊的现象。

用户对拍摄取景方式的调研结果

- 超过70%的用户对目镜取景方式更喜欢

- 还原用户的目镜取景体验

29.85% 显示器取景

70.15% 目镜取景

有效样本数量：313

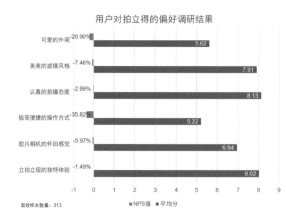

用户对拍立得的偏好调研结果

	NPS值	平均分
可爱的外观	-20.90%	5.62
美美的滤镜风格	-7.46%	7.91
认真的拍摄态度	-2.99%	8.13
极简便捷的操作方式	-35.82%	5.22
胶片相机的怀旧感觉	-5.97%	6.94
立拍立现的独特体验	-1.49%	8.02

有效样本数量：313

- 用户最喜欢的是使用拍立得拍照时的态度和立拍立现的体验

- 用户对现有产品的外观和操作方式不是十分感兴趣

▲ 用户问卷结果

基于这一洞察，设计者提出了如下图所示的酷咔手机拍立得配件设计。通过一个简单的可夹持外壳，配合具有多种界面视觉效果和滤镜风格的 APP，让智能手机秒变拍立得。通过目镜配件，完美还原目标用户所追求的目镜取景的仪式感，巧妙地扩展了产品功能。

▲ 产品效果图

教学案例二

为交互体验而设计："摩控"手机背面交互模块

指导教师：尹虎、张印帅

设计者：聂思萱、孙英飞

运用公式：← | 扩展产品功能 | →

　　"摩控"手机背面交互模块是一个面向 moto Z 系列模块化手机而设计的支持背面输入的模块。产品创意环节非常清晰，通过公式 5 所述的产品功能扩展，对现有手机的交互功能进行补充扩展。在这个选题中，设计师面临的挑战是，如何保障交互的可用性，如何定义产品的有效场景，以及如何对这样一件创新型产品进行市场定位。

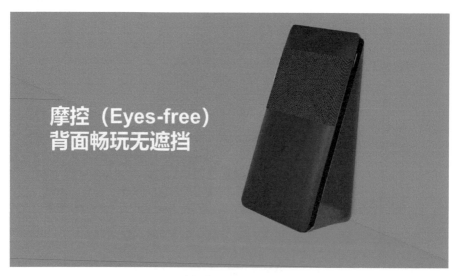

▲　"摩控"手机背面交互模块

　　在可用性上，设计师寻找了 16 名男志愿者和 16 名女志愿者协助实验，模拟单手使用手机的场景，对左右手分别进行实验，绘制出每个人左右手食指所能触控的最大范围与触控舒适范围。汇总得出了 5.5 寸手机背触热区图，并基于实验结果，确定"摩控"模块触控区域的大小与安放位置；并根据大多数人的习惯，定义"摩控"模块所采用的手势及交互定义。

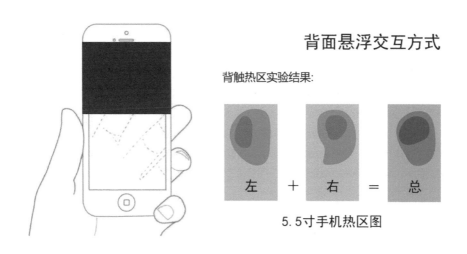

▲ 手机背触热区图

▲ 交互方式定义

　　应用场景方面，设计师找到三个不同的方向为背面交互的设计增加用户价值。第一，从用户痛点出发，借助背面辅助正面的双面交互，实现一些通过单手交互来实现双手交互功能的设计，从而有效地解决用户痛点。例如，图片的缩放功能一般需要用双手完成，但摩控模块可以通过背面双指滑动手势，实现单手的图片缩放。第二，从拓展现有应用角度出发，突出背面交互不会遮挡屏幕内容的特点，将现有 APP 中的一些交互进行优化，例如图中所示的三维模型展示、地图、购物等应用中的产品展示功能均可以通过背面交互，得到一定程度上的体验优化。第三，就是开发专用应用，例如支持背面互动的电子白板，用户可以利用背面触摸来移动和缩放纸张，再通过正面去进行笔记或绘图，既解决了触摸屏上绘图易产生误触的问题，还创造了一种专门应用于支持背面交互的硬件的独特使用体验。

　　在解决了可用性问题和找到了具有价值的应用场景后，设计团队通过二维坐标图的竞品分析，找到了适合"摩控"的市场机会。即背面仅部分区域可输入，且仅支持简单输入方式的手机配件。一方面，在竞品分析的二维矩阵中，这样的产品定位具备市场空缺，另一方面，局部输入且输入方式简单的背面交互，能够极大地降低成本和研发难度，且简单的交互更易于被接受，可以扩大产品的目标人群，市场空缺与竞争优势共同保证了这件产品的市场机会成立，从而对创意的落地进行了保障。

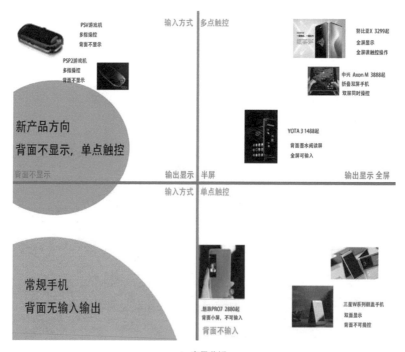

▲ 竞品分析

教学案例三

为新技术而设计：折叠式骨传导蓝牙耳机

指导教师：尹虎、张印帅

设计者：马静文、蒋诗婕

运用公式：1+1>2、产品 A 特征与产品 B 特征

科学技术的发展具有创造性、合理性，它对人类社会的经济、文化，以及人们的思维等方面也产生了较深的影响。在这种背景下，工业设计作为人类文化的一部分，本就是技术与艺术的统一，它的发展必然受到科学技术的影响。

本案例正是在这一前提下进行探索，设计者的目标是通过寻找有潜在应用价值的新型技术来激发设计创新，并结合对用户需求的洞察理解，提出具有突破性的产品。

设计者在设计前期通过逆向角度利用公式 2，在调研中发现，当下火热的蓝牙耳机，是一件 1+1<2 的产品。蓝牙无线耳机本身是一种技术赋予的产品形态革新，理应带来更好的用户体验，但是在《2018 无线音频消费者调查报告》中，他们发现无线蓝牙耳机的用户满意度却比传统有线耳机的满意度低 2.7% 左右。在 31.3% 对蓝牙耳机使用体验不满意的用户中，其主要痛点在于易丢失、续航时间短、音质差、造型单一上。结合报告中的蓝牙耳机的市场份额增长趋势，设计者得出结论，蓝牙耳机是一个具有增长潜力的消费市场，但现有耳机的设计依旧有改进空间。

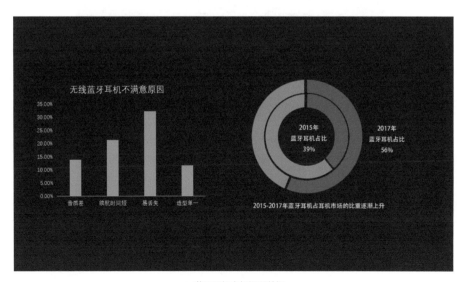

▲ 蓝牙耳机市场调研数据

　　针对这一市场机会，设计团队尝试从技术突破出发，寻求新的产品创新机会。通过专利、学术论文期刊、发烧友论坛等渠道，设计者最终决定利用迈拉聚酯薄膜发声技术，为了突出其技术优势，需要将耳机发声元件设计成卡片折叠的形式，突破了传统扬声器对于耳机形态的限制。

　　在卡片的折叠形式上，设计者采用公式 3 所提出的产品特征替换方式，以英国 Joseph 的折叠砧板的折叠形式作为参考，用于耳机形态上，设计出如下图所示的可平展的薄膜发声耳机方案。

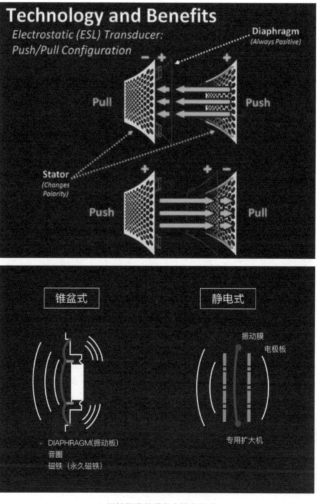

▲ 迈拉聚酯薄膜发声技术原理

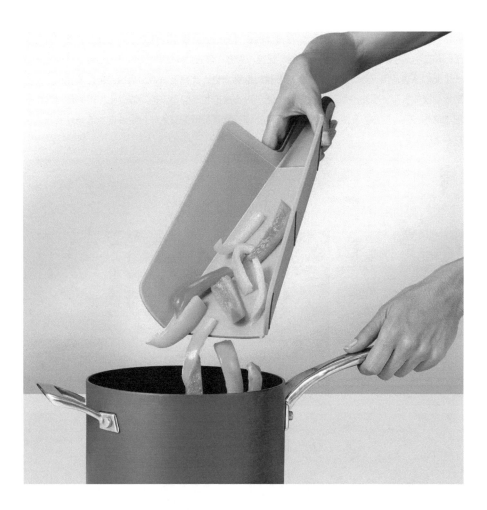

▲ 形态特征替换

在造型设计上，为了保证耳机的人机工效学，设计者结合柳宗理的模拟感知法进行造型。此方法源自日本工业设计师柳宗理的设计哲学，即排除设计师的一切自我主张，最大限度地追求在生活场景中使用时的功能性和舒适度。是从实用出发，用手感受设计，就像他所说"是手要使用的东西，所以当然要用手来设计"。在具体的设计方法上，柳宗理常常不画设计图，直接开始手工制作实物大小的石膏模型，用手拿捏、抚握、思考、修正。

此方法很适用于设计上对产品人机参数的探究，也许计算无法得出最恰当全面的结论，则可用模型模拟去实际感知产品的特性感受，通过形态模拟和不同参数的矩阵变化，得到最为适合的形态结构与尺寸参数。另外，此方法也可弥补许多没有精密实验条件与足够样本的设计者在人机探索上的不足。

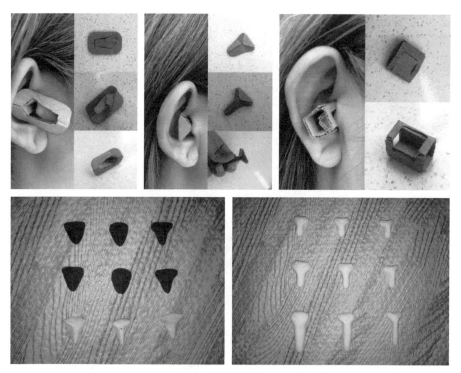

▲ 产品形态推演

　　最终，平衡技术、用户需求、市场趋势、人机关系后，设计者提出了如产品使用效果，如下图中所示的具有前瞻性的耳机，希望通过技术的驱动，为设计创意带来革命性的变化，同样也通过技术落地，为用户带来颠覆式的体验。

▲ 产品使用效果

教学案例四

为可持续而设计：餐厅用 E-ink 电子小票系统

指导教师：尹虎、张印帅

设计者：任易飞、张维豫

运用公式：产品 ∩ 特定场景

我们所呼吁的设计 3.0 时代中，可持续设计是必不可少的重要组成部分，但是我们依旧要面对可持续设计如何在商业经营与绿色环保之间建立良好的平衡关系的问题。本案例的设计者从可持续设计出发，在设计前期寻求造成环境污染、资源浪费、健康损伤等不良影响的问题，最终选择了，木材消耗量巨大，对人体具有毒性，使用周期极短，但生活中又十分常见的消费凭证小票作为问题的出发点进行可持续设计方案的改良。

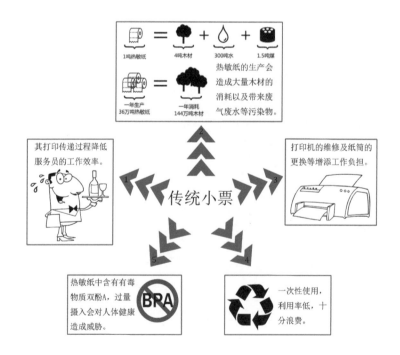

▲ 传统纸质小票存在的问题

　　但对于已经习以为常地使用小票的人而言，小票存在的这些问题很难成为制止他们使用小票的充分理由，因此设计师需要通过与商业利益的结合，来倡导商家使用可持续方案，达到共赢。因此设计师采用了公式 4 中的特定场景结合，来寻求现有产品无法满足的市场机会。经过对使用纸质小票商家的深度访谈和调研，设计者总结了商家的六大需求——成本、服务效率、环境保护、健康保障、形象、创新性。而在诸多纸质小票覆盖的场景中，设计者发现，在餐饮行业中，纸质小票存在的问题在商家的六大需求中都会带来不良影响，因此设计师提出了一个基于电子墨水屏的虚拟小票设计方案。

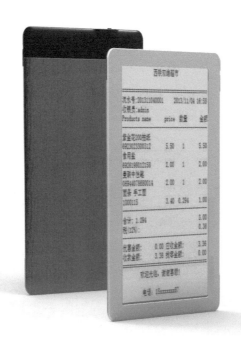

▲ 设计方案

　　为了保证在这一特定场景下的商业需求，设计师进行了精密的计算和调研，并得出如下图所示结论。依照前面需求调研的结论，可以将这一可持续设计与现有设计所对比的优势总结如下。

　　（1）成本：餐饮行业商家使用本产品与否的直接因素之一。经计算，与纸质小票相比，商家使用本产品可消耗更少的成本。

　　（2）服务效率：服务方面的优化设计是本产品的重点指标之一，节约人力资源、提升服务效率使新产品的期望值有了更多的提升。

　　（3）环境保护：是否符合可持续发展的理念、符合时代的发展趋势，是新产品取代旧产品的一大因素，尤其是餐饮服务行业。

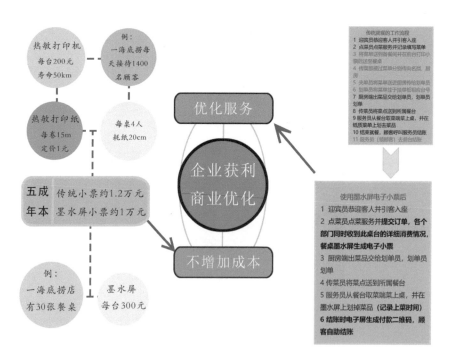

▲ 新方案的商业可行性

　　(4) 健康保障：餐饮行业至关重要的评估指标，不仅关乎消费者的健康与安全，更关乎餐厅的声誉。

　　(5) 形象：餐饮行业发展迅速，餐厅形象的维护与提升，绝不仅是依靠内部的装潢。

　　(6) 创新性：是否具有引发共鸣的亮点，是否体现创新性，是衡量产品是否具有活力的标准之一。

　　在最终的完整方案中，我们看到了这个可持续设计方案最为可贵的价值是，它并没有空谈环保，对现有方案简单批判，而是采取了十分扎实的策略，从新技术的价值出发，让方案不仅符合可持续的发展需要，还同样能为商家带来更多的商业价值，从而让设计为可持续带来更为切实可行的推动。

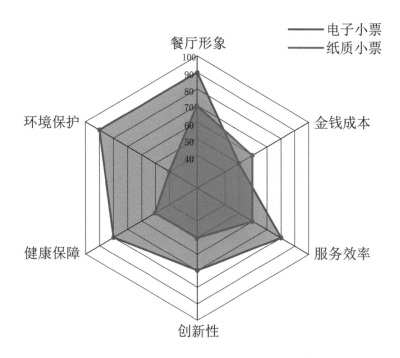

▲ 新方案与传统方案相比的优势

教学案例五

为服务系统而设计：CETS 学龄前儿童个人特质评价系统设计

指导教师：尹虎、张印帅

设计者：杨中海、钟思澍

运用公式：问题＋方法

本案例设计者从公式 1 出发，为一个好的方法——"区块链技术"找到了对的问题——学龄前儿童特质评价，希望通过区块链技术的去中心化、隐私保护、安全可靠等特征，来让家长更好地了解还不能准确表达自己的学龄前儿童的各项特质，从而帮助家长形成准确且更有依据的培养策略。这个产品创意的领域属于服务设计，它是近年来新兴起的一种设计形式，其本质上与产品设计一致，都是创意的表现和落实的过程。但由于服务设计相较于产品设计存在其一定的独特性和特殊性，因此，服务设计在创意的落实上形成了一套完全不同于产品设计的方法体系。这里以"CETS 学龄前儿童个人特质评价系统设计"为案例，就服务设计的创意表现和落实方法体系做简单介绍。

由于服务设计需要考虑的不同用户视角更多，因此为了使创意在落实的过程中更加全面与完善，服务设计的前期工作需要利用"利益相关者（Stakeholder）"囊括一个服务设计所涉及的所有人群，包括用户、服务提供机构、工作人员、竞争者、相关外围团体等。在服务设计的诸多原则中，最基本的便为"以用户为中心"和"考虑所有的利益相关者"，为了更好地践行这些原则，一个服务设计的创意构建和落实，常会以绘制"利益相关者图解（Stakeholder Maps）"开始。

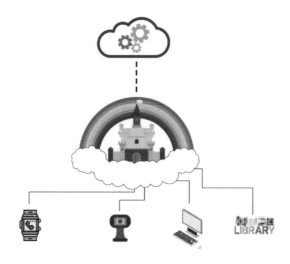

▲ 服务系统概念

　　本案例是基于联想的智慧教育课题设计的、基于区块链技术的学龄前儿童个人特质评价系统，旨在基于区块链技术建立一套标准化、全民化的学龄前儿童个人特质评价系统，以达到让家长能够在学龄前更好地认识儿童的个人特质，以便在学龄后可以更好地对儿童进行"因材施教"的目的。实施方式是由联想公司进行相关的软硬件研发，由政府部门进行统一采购，再分发、安装到各个幼儿园，对儿童的行为数据进行监测采集，最后使用区块链和大数据技术进行分析，生成每个儿童的个性化测评报告。该服务设计的利益相关者包括联想公司、政府教育部门、幼儿、家长、消费者等，为了更好地分析和诠释这些利益相关者的关系，设计团队绘制了如下图所示的利益相关者图解。

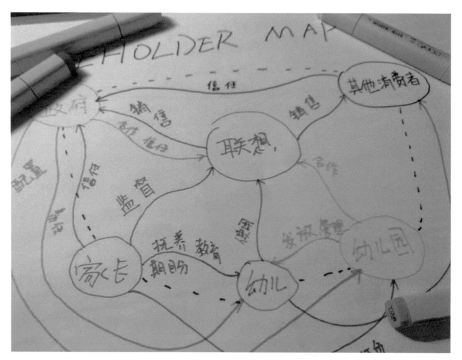

▲ 利益相关者图解

　　服务设计与产品设计最大的不同便在于服务设计所产出的服务体系是无形的，无法和产品设计一样以效果图、模型等直观方式进行呈现和交付。因此服务设计就需要寻找一种面面俱到的、直观的、结构化的能展示服务体系本身以及分析其对于所交付客户的重要意义的展示方式。"服务蓝图（Service Blueprints）"和"商业模式画布（Business Model Canvas）"应运而生。这些展示方式一般是利用文字、符号、框图、箭头等元素，将一个服务体系进行全面的、细碎的、结构化的拆解，并将其全方位地展示出来。其包括"物理证据（Physical Evidence）""触点（Touch Point）""用户行为（User Action）""前台（Frontstage）""后台（Backstage）"等。本案例中，为了展示整个服务设计工作的产出成果，设计团队绘制了详细的服务蓝图，其包括儿童与智能终端、智慧课堂的交互行为；各种监控设备与儿童的交互行为；后台信息的处理和分析以及相关的技术支持等。

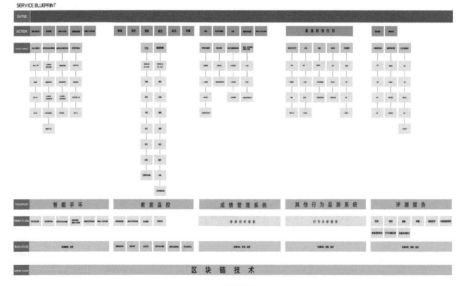

▲ 服务蓝图

　　为了将一个复杂、庞大的商业模式以直观可视化的方式展示给客户，从而向客户分析该服务设计的意义和价值。本案例使用了商业模式画布作为服务设计在交付过程中说服客户的一个重要手段。

　　本案例通过展示为服务系统的设计，扩展了本书所讲解方法的有效范围。设计者在利用本书的六个公式寻求创意时，应该保持开放的心态，接受任何形式的创新，才能尽可能地横向扩展思维，达到创新的真正目标。

●Business model canvas

● Key partners	● Key activities	● Value propositions	● Customer relationships	● Customer segments
政府 幼儿园 家长	研发智能终端,政府采购 记录、监测行为信息 储存、分析信息 建立评价系统 生成评测报告 单独售卖终端	智能采集自动化分析 能提供精准、个性化的分析 区块链对隐私的保护 多位一体、可信度高 普及化、全民化	儿童使用智能终端 幼儿园使用 辅助幼儿管理 通过邮件向家长定期 发送报告	幼儿 家长 政府 幼儿园 其他消费者
	● Key resources		● Channels	
	与政府深层的合作关系 品牌号召力 强大的研发实力		政府采购 幼儿园分发 通过销售普通销售	

● Cost structure		● Revenue streams
政府合作成本　　生产成本 软件研发成本　　宣传成本 硬件研发成本		政府采购 终端销售

▲ 商业画布

创意的传递

对于耐心读完本书的读者，或是迫不及待就翻开最后一页的读者，我都表示深深的感谢。我相信看完这本书后，你们一定会成为一个创意的传递者，而这正是我需要感谢你们的地方。